AF275390

EN BUSCA DE VIDA FUERA DE LA TIERRA

Miguel Ángel Sabadell

En busca de vida fuera de la Tierra

Hipótesis científicas sobre la vida en el universo y el misterio de su ausencia

© Miguel Ángel Sabadell, 2025
© Editorial Pinolia, S. L., 2025
C/ Cervantes, 26
28014 Madrid

www.editorialpinolia.es
info@editorialpinolia.es

Colección: Divulgación científica
Primera edición: julio de 2025

Reservados todos los derechos. No está permitida la reproducción total o parcial de este libro, ni su tratamiento informático, ni la transmisión de ninguna forma o por cualquier medio, ya sea mecánico, electrónico, por fotocopia, por registro u otros métodos, sin el permiso previo y por escrito de los titulares del *copyright*.

Depósito legal: M-11035-2025
ISBN: 979-13-87556-46-4

Diseño y maquetación: Palabra de apache
Diseño cubierta: Óscar Álvarez
Impresión y encuadernación: Industria Gráfica Anzos S.L.U.

Printed in Spain - Impreso en España

ÍNDICE

¿QUÉ ES ESO QUE LLAMAMOS «VIDA»?

SHUTTERSTOCK

La Tierra tiene unas condiciones específicas que hacen posible la existencia de vida. Puede que en otros planetas la vida difiera absolutamente, pero es posible esperar que emplee una química similar.

E n Sudáfrica hay una región montañosa llamada Barberton que ofrece una de las mayores riquezas en biodiversidad del planeta, con más de 1500 especies de plantas registradas, 350 de aves y 80 especies de otros animales. Sin embargo, las montañas de Barberton no solo representan la enorme diversidad de vida que existe hoy sobre la Tierra, sino que, además, por ser una de las zonas más viejas del planeta, contienen algunas de las rocas más antiguas y mejor conservadas, tan solo las rocas de Isua, en Groenlandia, están datadas en una fecha anterior. Por este motivo, esta región sudafricana atrae a multitud de geólogos y biólogos de distintos países del mundo con el objetivo de hallar las evidencias más antiguas de la existencia de vida sobre nuestro planeta, quizá en forma de bacterias fósiles. Desde luego, no es una búsqueda fácil, pero al menos sabemos qué debemos buscar pues entendemos cómo es la vida en la Tierra.

Pero ¿cómo es la vida en el espacio? ¿Tendrá un aspecto similar? ¿Cómo podremos identificarla? La cuestión no es banal, sobre todo en estos tiempos en los que la búsqueda de vida en el universo es uno de los campos científicos en auge. ¿Cómo vamos a encontrar vida si no sabemos definirla?

LA VIDA: UN TIPO MUY PARTICULAR DE QUÍMICA

«En el universo yo voy a buscar las moléculas», afirmaba el desaparecido Christian de Duve, Premio Nobel de Fisiología y Medicina. De Duve, un belga que nació por accidente en el Reino Unido pues sus padres se refugiaron allí durante la Primera Guerra Mundial, dedicó sus últimos años a estudiar el origen y la evolución de la vida. Fruto de sus reflexiones es *Vital Dust*, un libro que, desde su aparición en 1995, se ha convertido en una referencia obligada en este campo. Su subtítulo, hoy famoso, lo dice todo: *life as a cosmic imperative*, es decir, «la vida como imperativo cósmico». En una entrevista concedida a *Muy Interesante* en 2003, De Duve comentaba: «No estoy de acuerdo con aquellos que dicen que la vida es producto de una extraordinaria combinación de circunstancias altamente improbables. […] No sabemos si en otro lugar del universo la vida se construirá igual que en la Tierra, pero es una buena hipótesis de trabajo. Creo que la forma en que la vida se originó en nuestro planeta es, visto con suficiente amplitud, un fenómeno determinista. Luego, si se dan las mismas condiciones en otro planeta, debemos esperar que la vida surja en formas químicamente similares a las de la Tierra. Así que buscaré algún tipo de ADN, proteínas… las moléculas típicas de la vida».

Quizá por ello su definición de vida sea, según confesaba, muy simple: «la vida es lo que es común a todos los organismos vivos. Esto significa que, para mí, la vida es lo que el ser humano, las

Vista de pájaro de las montañas Makhonjwa, en la región sudafricana de Barberton. Son muchos los científicos que buscan descubrir los orígenes de la vida en este lugar de la Tierra.

plantas, los microbios y los hongos tenemos en común, los mecanismos básicos que hoy conocemos muy bien: metabolismo, proteínas, genes…». Una definición muy parecida a la del paleontólogo Niles Eldredge, del Museo Norteamericano de Historia Natural: «La mejor manera de captar lo que significa ser un animal vivo es, simplemente, considerar la propia vida de uno».

Por supuesto, hay diferencias. «Yo no soy una hoja —añade De Duve—, pues no tengo clorofila, pero cuando los árboles están en la oscuridad hacen exactamente lo que yo hago en la oscuridad: sobrevivir usando las mismas moléculas. Compartimos la misma química». Por eso, para Christian de Duve, la vida es, en esencia, un tipo muy particular de química. Pero ¿qué química? Para poder responder a esta pregunta debemos analizar el único tipo de vida que conocemos, la de nuestro planeta.

El 98 % de la materia conocida en el universo es hidrógeno o helio. La vida, obviamente, requiere algo más de complejidad que la que nos aporta la química de estos dos elementos. ¿Qué átomos utiliza la vida? Después de todo, existe un número finito de elementos estables en la tabla periódica y, de todos ellos, unos pocos, muy pocos, permiten el tipo de química compleja que requieren los seres vivos. Pues bien, solo un átomo, el carbono, está en la base de toda la vida en la Tierra, al ser el único elemento capaz de soportar la elaborada química que requiere la creación de un sistema químico autorreplicante. Para ser sinceros, existe otro elemento que podría hacerle sombra y que se encuentra justo debajo de él en la tabla periódica, el silicio, pero de este metaloide nos ocuparemos más adelante.

¿Por qué el carbono es un elemento único? Porque es tetravalente, o sea, que puede formar hasta cuatro enlaces estables con otros elementos, lo que nos da una idea de la complejidad de las moléculas que es capaz de formar. Por otro lado, disponemos de carbono en abundancia: es el cuarto elemento más común del sistema solar, por detrás del hidrógeno, el helio (¡cómo no!) y el oxígeno. Para valorar la utilidad del carbono en la construcción de un ser vivo debemos observar dos cosas: la termodinámica (el equilibrio y la estabilidad en sus interacciones con otros átomos) y la cinética (que nos indica el ritmo al que se forman y se rompen esas interacciones). Así, las uniones simples del carbono con él mismo, con el oxígeno y con el nitrógeno son igualmente estables, por lo que la naturaleza no tiene que gastar demasiada energía en pasar de un enlace a otro. Igualmente importante es que la cinética de las reacciones del carbono es lenta y así, una vez aparcado en una molécula, tiende a quedarse en ella. Estas dos características permiten que se hayan descrito cerca de cien millones de compuestos de carbono, mucho más que el resto de todos los compuestos conocidos. De ahí que los científicos hayan desarrollado toda una rama de la química solo para el carbono: la química orgánica.

El otro componente esencial para la vida es el agua, la molécula triatómica más abundante del universo. Su importancia para la vida reside en sus sorprendentes propiedades, producto de su estructura (dos átomos de hidrógeno y uno de oxígeno dispuestos en un ángulo de casi 105°, con el oxígeno en el centro). Por ejemplo, el agua debería ser gaseosa a temperatura ambiente pero es líquida porque los electrones son atraídos con más fuerza por los siete protones del oxígeno que por el pobre y solitario protón del hidrógeno. De este modo, el oxígeno queda con una carga ligeramente negativa, y el hidrógeno, con una carga ligeramente positiva: es lo que en química se llama una molécula polar. Debido a esto, el hidrógeno de una molécula puede atraer al oxígeno de otra y crear una unión entre ambas que recibe el nombre de *enlace por puentes de hidrógeno*. Este tipo de enlace tan particular fue descrito por el premio nobel de química Linus Pauling en su libro de 1939 *La naturaleza del enlace químico* y es el culpable de que el agua se mantenga líquida en un amplio rango de temperaturas, de los 0 a los 100 °C, de que sea una buena conductora de la electricidad y, aún más importante, el mejor solvente conocido para las moléculas orgánicas. Así, el agua es el medio en el que tienen lugar las reacciones químicas de la vida y el medio por el que los nutrientes son transportados de manera controlada. Si queremos un ejemplo, podemos pensar en la sangre, que transporta células de diferentes tipos y con una multitud de funciones.

Otra peculiar propiedad del famoso líquido elemento es su elevada capacidad calorífica, es decir, la cantidad de calor que hay

ASC

SHUTTERSTOCK

Izquierda: Christian de Duve fue un bioquímico dedicado al estudio de las células. Derecha: representación del proceso de la fotosíntesis por el que las plantas transforman el dióxido de carbono y el agua en glucosa y oxígeno.

que comunicarle para que aumente su temperatura es muy alta. De hecho, es la segunda sustancia, después del amoniaco, que posee la mayor capacidad calorífica conocida. Esta «habilidad» para regular la temperatura en su interior ha demostrado ser esencial para que hoy estemos aquí, ya que los cambios bruscos de temperatura hubieran impedido la química de la vida.

La vida es curiosamente selectiva

Si nos examinamos a nivel molecular, observamos que somos muy simples, pues todos los seres vivos que pueblan la Tierra están compuestos por un pequeño número de moléculas. De hecho, la materia viva consiste principalmente en largas moléculas en las que un determinado patrón se repite una y otra vez, en ocasiones con pequeñas variaciones. Estas macromoléculas se llaman polímeros y están compuestas por otras más pequeñas (monómeros) que son como los eslabones de una cadena. Entre los monómeros más importantes se encuentran los aminoácidos, que forman las proteínas.

13

Visto en conjunto, podemos agrupar las moléculas de la vida en cuatro grupos: carbohidratos (una clase son los azúcares, que aportan energía a la célula), lípidos (cuya función es principalmente estructural, como la formación de membranas), proteínas (que proporcionan la maquinaria que permite el funcionamiento celular y controlar la velocidad de las reacciones químicas, como las enzimas) y ácidos nucleicos (que almacenan la información para la creación y el mantenimiento de un ser vivo).

La verdad es que resulta sorprendente lo extraordinariamente selectiva que ha demostrado ser la vida a la hora de escoger las moléculas. Así, del enorme número de aminoácidos posibles solo utiliza veinte. Por otra parte, si una proteína típica contiene del orden de un centenar de aminoácidos, podríamos construir al menos 20^{100}, un número muchísimo mayor que el de los átomos de nuestra galaxia. Sin embargo, la mayoría de los organismos vivos usa menos de cien mil tipos de proteínas.

Como bien sabemos, una de las propiedades básicas de la vida es su habilidad para reproducirse a sí misma. A pesar de toda la diversidad que observamos, a nivel molecular la reproducción de todos los organismos sigue el mismo plan: un cierto tipo de polímero (para más señas, un ácido nucleico) con forma de doble hélice (como habrás adivinado, se trata del ADN) gobierna ese proceso a través de un mecanismo de «molde». Los eslabones con los que se construye el ADN se llaman nucleótidos y están compuestos por una molécula de azúcar, un fosfato y uno de cuatro posibles carbohidratos llamados bases nitrogenadas. Ciertamente, de entre estas bases podrían haberse utilizado muchas, pero de nuevo la vida ha sido selectiva y solo utiliza la adenina (A), la guanina (G), la citosina (C) y la timina (T). Estas son las cuatro letras de nuestro código genético (el azúcar y el fosfato son los mismos en los cuatro nucleótidos). En el ADN se conserva y se transmite la información biológica, pero existe otro tipo de ácido nucleico fundamental para la supervivencia del individuo: el ARN, que se encarga principalmente de articular las instrucciones contenidas en el ADN, como la síntesis de proteínas.

Con esta información ya disponemos de las herramientas necesarias para saber cómo está construida la vida.

En el año 1944 se produjo un acontecimiento decisivo en nuestro intento por hallar una solución a esta pregunta fundamental. En aquel año se publicó un librito titulado *¿Qué es la vida?*, basado en una serie de conferencias que impartió su autor en el Trinity College de Dublín. Este ensayo, que marcó un antes y un después en la biología del siglo XX, no fue escrito por un biólogo, sino por uno de los padres de la mecánica cuántica, la teoría física que describe el comportamiento de los átomos y las partículas subatómicas: Erwin Schrödinger.

Sin duda, Schrödinger era un hombre habituado a decir lo que pensaba y, en parte, esa costumbre fue una de las causas que motivaron su renuncia a la cátedra de Física en la Universidad de Berlín en 1933: «No puedo soportar que los políticos me asedien». Su forma de vida también estaba alejada de los estándares sociales: mantenía una relación abierta con su esposa y, durante algunos años, el matrimonio compartió vivienda con la asistente y amante de Schrödinger, que, además, era la mujer de un colega suyo. A decir verdad, algunos autores han criticado la excesiva pasión del científico hacia las mujeres jóvenes, calificándolo de depredador sexual, y, en 2022, el Trinity College de Dublín quitó su nombre a una sala de conferencias por encontrarlo culpable de abusos sexuales.

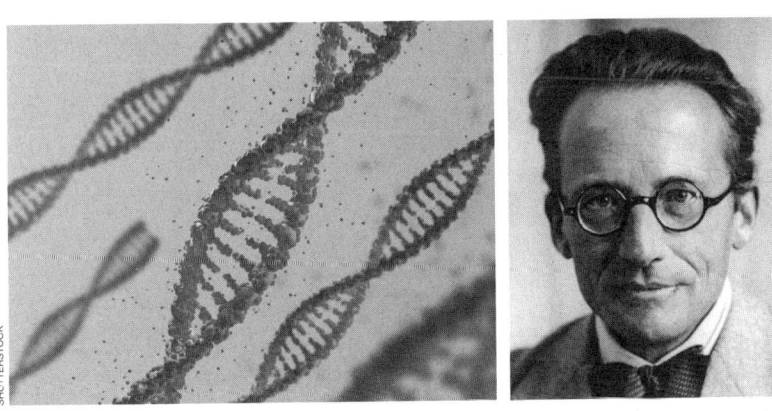

A la izquierda, la estructura física del ADN representada por la tan conocida doble hélice. A la derecha, retrato de Erwin Schrödinger, teórico fundamental de la mecánica cuántica. Su libro *¿Qué es la vida?* ejerció una notable influencia en el desarrollo de la biología.

No obstante, dejemos estas circunstancias a un lado para volver al tema que nos interesa. En 1939 Schrödinger recibió una invitación del Gobierno irlandés para ocupar la cátedra de Física Teórica del recién creado Instituto de Estudios Avanzados de Dublín. Entre sus obligaciones estaba dictar una conferencia al año, y en 1943 escogió como tema «¿qué es la vida?». Los conceptos centrales de su disertación fueron la herencia y la termodinámica, pues, en su opinión, las cuestiones básicas para entender la vida eran cómo creaba «orden desde el orden» y «orden desde el desorden». En su análisis de la genética (orden desde el orden) propuso que la información biológica debía codificarse en algo parecido a un cristal aperiódico: «La vida es materia que repite su estructura a medida que crece, como un cristal, un extraño cristal aperiódico, pero más fascinante e impredecible». Dentro de ese cristal, decía Schrödinger, encontramos pequeñas variaciones que son las que contienen la información. Una definición que se ajusta como un guante a la estructura del ADN, descubierta años después: posee la componente regular de la doble hélice y la explosión del alfabeto de la vida en su interior.

En cuanto a la termodinámica, Schrödinger aclaraba que los organismos pueden crear «arreglos ordenados» de moléculas y células generando más desorden en los alrededores, por ejemplo, convirtiendo las ordenadas moléculas de carbohidratos en las menos ordenadas de agua y de dióxido de carbono. De este modo, se consigue mantener la vida sin violar la inmutable segunda ley de la termodinámica. Ahora bien, sería una frase de este ensayo la que lo cambiaría todo: «A pesar de nuestra evidente incapacidad para definirla, la vida acabará siendo explicada por la física y la química». Esta afirmación hizo que muchos físicos volvieran la mirada hacia la biología, lo que ocasionó el nacimiento de una nueva rama de la ciencia: la biología molecular.

UNA DEFINICIÓN MUY ESCURRIDIZA

Schrödinger no llegó a dar una definición operativa de la vida, pero nos señaló el camino. No obstante y a pesar de los notables esfuerzos posteriores, la mayoría de los científicos evitan ofrecer una definición de la vida de forma parecida a como hizo el juez del Tribunal Supremo de Estados Unidos Potter Stewart con el concepto de pornografía en 1964: no puedo dar una definición precisa pero «lo sé en cuanto la veo». Pese a toda esta dificultad, si queremos encontrar vida en otros planetas, cuando menos resulta necesario intentar dar una definición de trabajo, lo que nos lleva a considerar sus propiedades. Una de ellas, la más obvia, es que es un sistema químico. Otra, la más llamativa, la que parece distinguir a los seres vivos de la materia inanimada, es su habilidad para hacer copias de sí mismos. Dicho de una forma más ingeniosa: «la vida es la manera que tiene el ADN de reproducirse a sí mismo». Antes de continuar es importante introducir una acotación. Cuando hablamos de vida, nos referimos a sistemas autorreplicantes, no a individuos. Si no fuera así, nos encontraríamos con la paradoja de no poder considerar seres vivos a los mulos, pues son estériles. Sin embargo, sí lo son en el momento en que forman parte de un sistema mayor, que incluye yeguas y burros. Hilando más fino, el autor de estas líneas tampoco sería un ser vivo, pues él solo no puede reproducirse, sino que necesita a otro ser humano para hacerlo.

¿Son suficientes estas dos características para definir la vida? Evidentemente no: existen sistemas químicos autorreplicantes que no están vivos. Pensemos en una llama (el fuego, no el animal) que, como bien sabemos por los incendios de verano que asolan tantas zonas del mundo, tiene la capacidad de crecer y multiplicarse. Por otro lado, un cristal de sal en una disolución sobresaturada también puede hacerlo; si lo rompemos en trocitos, cada uno de ellos tiene la capacidad de crecer. Por tanto, ¿qué es lo que falta? La respuesta es: la evolución.

El registro fósil nos muestra, en primer lugar, una sucesión de criaturas que han habitado el planeta a lo largo del tiempo, y, en segundo lugar, que surgen nuevas especies a partir de las anteriores. Darwin y Wallace nos explicaron que el único mecanismo responsable de esa transformación era la selección natural. Para entender este principio, fijémonos en un ejemplo particularmente peligroso para nuestra salud: las bacterias resistentes a los antibióticos.

La revolucionaria teoría de la evolución de Darwin, que expuso en su obra de 1859 *El origen de las especies*, descansa sobre el mecanismo de la selección natural. Una serie de evidencias reunidas a lo largo de más de 150 años refuerzan esta tesis aún vigente.

El descubrimiento de la penicilina resultó devastador para las poblaciones de microbios, pues no tenían forma de defenderse contra el fármaco. Pero un día apareció una bacteria capaz de sobrevivir a la acción de la penicilina y se reprodujo. Como resultado, sus descendientes tenían ahora un nuevo gen que codificaba una proteína que les hacía resistentes al fármaco. Esa nueva proteína no surgió a partir de un intenso programa de investigación realizado por esta bacteria, sino que apareció accidentalmente. El motivo es que, cuando el ADN se copia, durante la reproducción, se producen errores aleatorios, del mismo modo que los amanuenses medievales introducían errores al copiar un manuscrito. Si esos cambios se dan en partes del ADN vitales para la producción de una proteína fundamental y la convierte en inútil, el ser vivo muere. Pero algunas veces la mutación es favorable y consigue que la proteína adquiera unas propiedades muy deseables: eso es lo que les sucedió a las bacterias resistentes a la penicilina. Por tanto, podemos afirmar que el mecanismo de la selección natural distingue a los seres animados de los inanimados.

Teniendo en cuenta el mecanismo de la selección natural, el bioquímico Gerald Joyce acuñó esta definición de vida en la década de 1990: un sistema químico automantenido que sufre evolución darwiniana. Como era de esperar, obtuvo bastantes críticas, pues, por ejemplo, si en algún planeta hubiera seres que evolucionaron sin estar sometidos a la selección natural, ¿se puede decir que no están vivos? Para evitar este argumento, se propuso una alternativa (probablemente también poco ajustada): «un sistema que posee la habilidad de mantener la forma y función a través de procesos de retroalimentación cuando se enfrenta a entornos cambiantes».

Todas las definiciones tienen sus problemas, pues «¿cómo definiríamos lo que es un mamífero si el único que hemos visto es una cebra?». De este modo tan gráfico, Robert Shapiro, que fue profesor de Química en la Universidad de Nueva York y uno de los grandes heterodoxos del problema del origen de la vida, puso el dedo en la llaga. Para encontrar una definición, decía Shapiro, hay que evitar ciertas trampas: ¿tú estás vivo? Por supuesto. ¿Tu nariz es algo vivo? Sí. ¿Y las células de tu nariz? También. ¿Y las proteínas de las células de tu nariz? ¿Y los átomos de carbono en las proteínas de las células de tu nariz? «Para identificar la vida no debemos mirar las partes. Es algo que tiene mucho que ver con la forma en que está construida. En ella hay un alto grado de organización, es una propiedad de la materia».

Claro que esto tampoco es decir mucho. Definir *vida* nos enfrenta a un problema fundamental: la propia naturaleza de las definiciones. «Están relacionadas con el lenguaje y una palabra tiene cierto significado en una lengua particular», afirma Carol Cleland, una filósofa del Centro de Astrobiología de la Universidad de Colorado. «*Soltero* significa 'hombre que no se ha casado'. Ahora bien, ¿un niño de dos años es un *soltero*?». Aunque maticemos diciendo que debe ser un hombre adulto, ¿a qué edad se le considera así? ¿A los 18 años? ¿O a los 23 años y 10 meses? «Muchas de las definiciones que usamos son vagas y generalmente especifican el significado usando conceptos que ya tenemos, sobre todo cuando su existencia depende solo de nuestros intereses y preocupaciones».

La cosa cambia si queremos definir lo que es, por ejemplo, el agua. En el siglo XVII hubieran utilizado la misma definición que nos enseñaron en los primeros años de escuela: un líquido transparente, húmedo, insípido e incoloro. Una definición tan indudablemente inútil como la que dio de *vida* el creador de la hipótesis Gaia, James Lovelock: «La vida es algo comestible, amable o letal». Con ambas podemos identificar otras sustancias como *agua* y otros sistemas como *vida*.

Una vez que entendimos la estructura molecular de la materia, la ambigüedad desapareció: el agua es H_2O. «Lo importante aquí es darse cuenta de que esta definición depende de la teoría —afirma categóricamente Cleland—. Por eso *vida* resulta tan difícil de definir; debe estar embebida en una teoría que no tenemos. No existe una teoría general de los sistemas vivos. Estamos en una situación parecida a lo que sucedía con el agua antes de que desarrolláramos la teoría molecular de la materia».

Enfrentados a semejante panorama no es extraño que muchos científicos recurran a la poesía como medio de escape. Para la microbióloga Lynn Margulis, la vida «es un proceso físico que cabalga sobre la materia como una ola extraña y lenta. Es un caos controlado y artístico, un conjunto de reacciones químicas abrumadoramente complejas». Del mismo modo, los españoles Eduald Carbonell y Marisa Mosquera, en su libro *Las claves del pasado; la llave del futuro*, se dejan llevar por su pasión poética cuando afirman que «da vida es la expresión del tiempo biológico…, es un proceso de información que hace aparecer un tiempo singular dentro de otro tiempo dimensional».

¿Qué nos queda? Poca cosa. A Christian de Duve, el debate sobre la definición de vida le recordaba a «esa vieja historia hindú donde unos ciegos definen lo que es un elefante palpando distintas partes de su anatomía. Esto pasa con la vida: cada uno ve distintos aspectos. Para unos es información, para otros reproducción, para otros evolución…».

El misterio de misterios: el origen de la vida en la Tierra

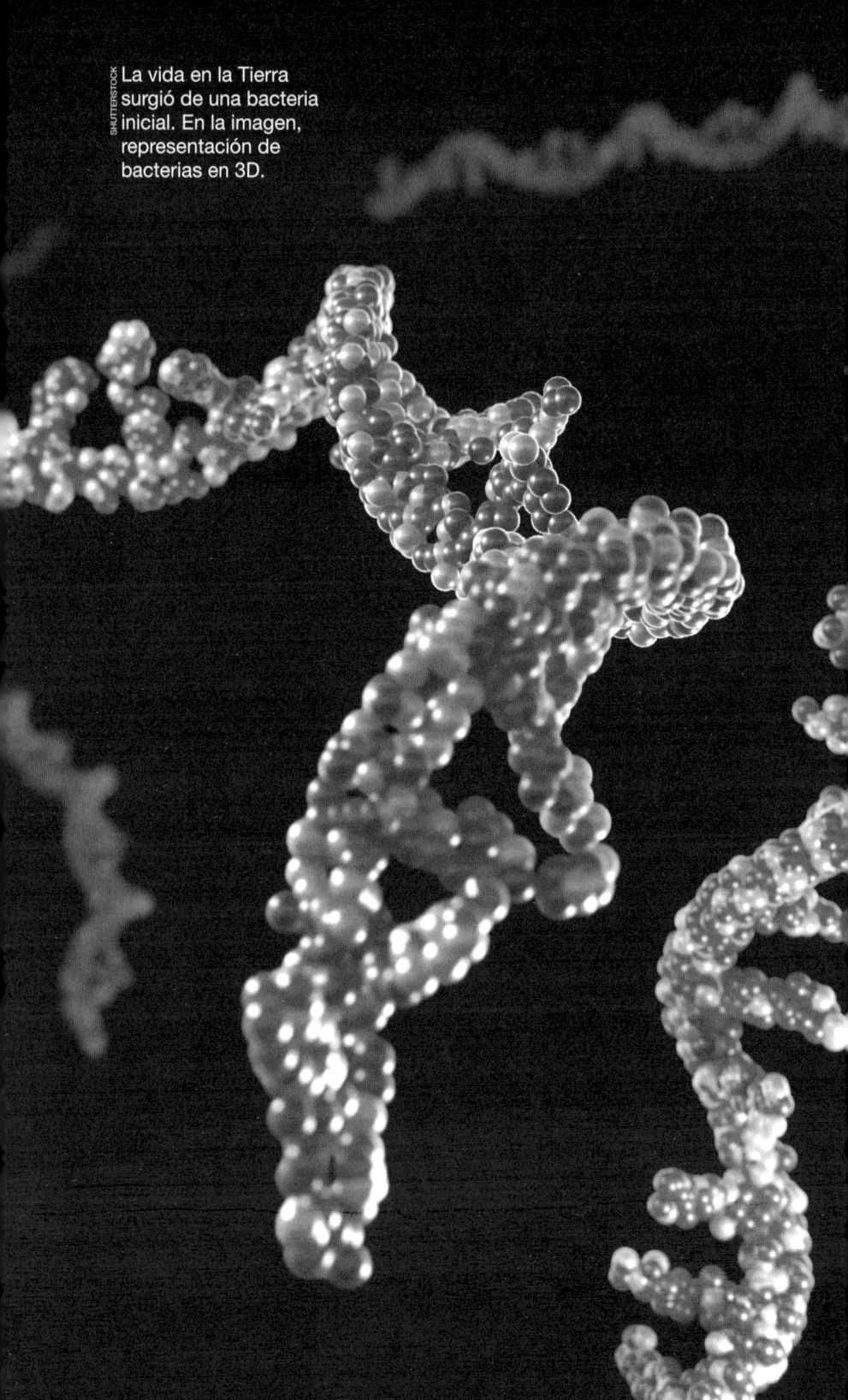

SHUTTERSTOCK

La vida en la Tierra surgió de una bacteria inicial. En la imagen, representación de bacterias en 3D.

En 1871 Charles Darwin, en una carta dirigida a su amigo el botánico Joseph Hooker, especulaba sobre cuál podría haber sido el origen de la vida: «Si pudiéramos imaginar [¡y qué si más grande!] un pequeño charco caliente en el que hubiera toda clase de sales amoniacales y fosfóricas, y en donde estuvieran presentes la luz, el calor, la electricidad, etc., se sintetizaría químicamente un compuesto proteínico que podría sufrir cambios aún más complejos». El propio Darwin reconocía que la ciencia aún no estaba madura para abordar esta cuestión (de ahí su resistencia a hablar de ello en público) y que él no viviría lo bastante para poder verla resuelta. Y no andaba desencaminado: más de ciento cincuenta años después, la solución todavía se nos escapa. No obstante, en lo que sí existe un acuerdo es que, con independencia de dónde y cómo ocurriese, depende de tres recursos clave.

El primero y principal, la vida en la Tierra requiere de agua líquida, el medio de crecimiento básico de todo ser vivo. Todas las células vivas, incluso aquellas que sobreviven en los ambientes más áridos, están formadas principalmente por agua. Nuestro cuerpo es agua en un 70 %, y no somos el ser vivo con más cantidad de ella. Por eso es más que probable que la vida surgiera en un ambiente acuoso. Además de agua, la vida también necesita una fuente de energía. El sol nos proporciona el suministro de energía necesario para vivir, pero los rayos, los impactos de asteroides, el calor interno del planeta o la energía

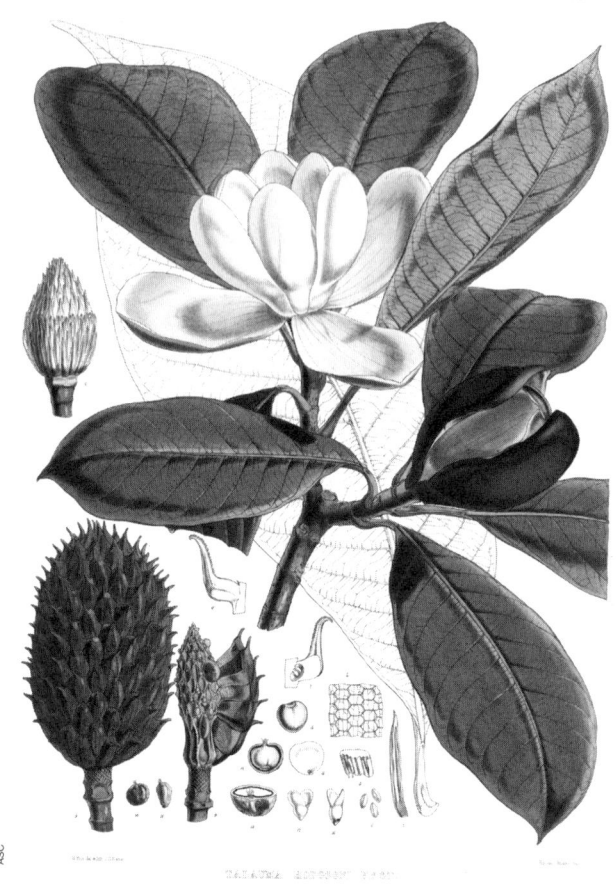

Las plantas con flores, como esta magnolia *Talauma hodgsonii,* supusieron un problema para Darwin pues su aparición parecía contradecir la idea de que la evolución se produce de forma lenta y progresiva.

química liberada por ciertos minerales inestables también realizan este papel. Y, en tercer lugar, la vida depende de la presencia de una serie de elementos químicos. Todos los organismos vivos conocidos usan carbono, oxígeno, hidrógeno y nitrógeno junto con un poco de azufre, fósforo y trazas de otros elementos, como el raro molibdeno. Ahora bien, no basta con poner todo eso en el pequeño estanque caliente de Darwin y sentarnos a esperar a ver cómo sale reptando un diminuto gusano.

Para darnos cuenta de que la aparición de la vida es un fenómeno realmente complicado podemos echar mano de un cálculo que realizó el biofísico y experto en la termodinámica de los sistemas vivos Harold Morowitz. Supongamos que calentamos una única bacteria a varios miles de grados hasta que rompemos todos sus enlaces químicos. Posteriormente, dejamos que la mezcla resultante se vaya enfriando lentamente para, de este modo, permitir que se formen nuevos enlaces. ¿Cuál es la probabilidad de que esos elementos se recombinen para restituir la bacteria inicial? Morowitz calculó que la probabilidad es de una entre un uno seguido de cien mil millones de ceros, una cifra tan larga que, si quisiéramos escribirla, necesitaríamos varios cientos de miles de libros para hacerlo. La moraleja que podemos extraer de este cálculo es que disponemos de dos posibilidades: si suponemos que la vida surgió por azar, entonces no nos queda más remedio que aceptar que es un fenómeno muy, muy raro; o bien, podemos pensar que algo se nos escapa, alguna propiedad de la materia que permite que la vida aparezca de manera rápida y sencilla.

UN ASUNTO DELICADO

Aquellas palabras que Darwin escribió en su carta nunca se publicaron, y el común de los mortales continuó pensando que el origen de todo respondía a lo que narra el capítulo primero del Génesis. Tuvimos que esperar hasta 1923 para que un bioquímico veinteañero llamado Aleksandr Ivanovich Oparin convirtiera el origen de la vida en un problema científico. Se trataba de una cuestión espinosa. Según confesó el propio Oparin en el cincuenta aniversario de la publicación de su famoso librito *El origen de la vida*, «mencionar el tema en el ambiente académico parecía estar prohibido… se pensaba que pertenecía más al terreno de la fe que al del conocimiento científico».

Partiendo de la suposición de que nuestro planeta había pasado por un periodo durante el cual se habían sintetizado compuestos orgánicos, Oparin propuso que la interacción de estas moléculas había llevado a la formación de sistemas precelulares. «Las sustancias proteínicas se encontraban disueltas, pero, más tarde, sus partículas empezaron a agruparse entre sí, constituyendo verdaderos enjambres moleculares, y, finalmente, se separaron de la solución en forma de pequeñas gotas —los coacervados— que flotaban en el agua». Esas gotitas evolucionaron, «las gotas de estructura más sencilla perecían; las más perfectas crecían y se multiplicaban», y fueron las que dieron origen a los primeros seres vivos. Oparin los describió como bacterias anaerobias dotadas de un metabolismo fermentativo que les permitía sobrevivir y reproducirse a costa de la materia orgánica presente en los mares primitivos.

El libro estuvo a punto de no publicarse. El texto fue remitido a uno de los colaboradores científicos de la editorial El Trabajador Moscovita para su revisión, y su dictamen fue de lo más negativo: «prácticamente me sugería que me dedicara a otra cosa». Sin embargo, el director de la editorial decidió publicarlo, no sin bastantes reticencias. El éxito fue clamoroso y pronto llegó a constituir una rareza bibliográfica. Sin embargo, y aunque se publicó en inglés en 1938, no se supo nada más de este ensayo hasta que, en 1965, fue descubierto por John D. Bernal, quien lo incluyó en su obra homónima *El origen de la vida*.

Pocos años más tarde, en 1929, el bioquímico y genetista John B. S. Haldane, un activista marxista, ofrecía su teoría sobre el origen de la vida (sin conocer el trabajo de Oparin) en un artículo publicado en la revista británica *The Rationalist Annual*. Haldane conjeturaba que la radiación ultravioleta del Sol habría inducido a la producción de moléculas orgánicas complejas, y, por tanto, imaginaba que los primeros seres vivos eran unas moléculas especializadas y autorreplicantes.

Ambos trabajos fueron un *tour de force* pues proponían, por primera vez en la historia, hipótesis específicas sobre las condiciones geofísicas y sobre los constituyentes de la atmósfera de la Tierra primitiva. Oparin, y en menor medida Haldane, describieron ciertos procesos de evolución química que podrían haber llevado a la síntesis de sustancias cada vez más complejas hasta crear la famosa «sopa primordial». Sin embargo, las propuestas de ambos investigadores divergían en un punto: los trabajos posteriores del soviético le llevaron a la convicción de que la existencia de un metabolismo era fundamental para el desarrollo y el funcionamiento del material genético. De este modo, Oparin iniciaba la tradición de «las proteínas primero» y negaba un papel preponderante a los ácidos nucleicos en el origen de la vida. Por el contrario, Haldane defendía justamente lo contrario: el primer organismo pudo haber consistido en una molécula de ARN que funcionaba como un único gen, es decir, para el genetista británico, los virus eran el verdadero eslabón filogenético perdido entre la materia inanimada y la vida. Con el tiempo estas dos visiones del origen de la vida se convertirían en las dos escuelas de pensamiento que hoy persisten y siguen manteniendo separados a los científicos.

Curiosamente, ni Oparin ni Haldane decidieron comprobar, de alguna manera, sus hipótesis en el laboratorio. No fue hasta después de la Segunda Guerra Mundial, una época de exagerado optimismo por la ciencia (no en vano el trabajo de los científicos había posibilitado en gran medida la victoria del bando aliado), cuando un desconocido estudiante de doctorado de veintitrés años llamado Stanley Miller decidió llevar a cabo ese experimento.

MILLER-UREY: UN EXPERIMENTO HISTÓRICO

En 1951 había asistido a un seminario impartido en la Universidad de Chicago por el premio nobel de química Harold Urey en el que propuso que las moléculas desencadenantes de la vida podrían haberse producido en abundancia en una atmósfera de hidrógeno, metano y otros gases. Miller quiso comprobar esa suposición y le propuso a Urey realizar un experimento, pero el famoso profesor no lo tenía muy claro y prefería que su estudiante se dedicara a algún proyecto menos arriesgado. Sin embargo, Miller no soltaba el hueso y, después de un año, Urey dio su visto bueno. Ninguno de los dos podía imaginarse que el experimento tuviera tal repercusión: el ensayo original duró una semana y su ejecución era tan sencilla que la revista *Scientific American* publicó un artículo en el que describía la manera en que un científico aficionado podría reproducirlo.

En el fondo no era más que un poco de agua hirviendo, metano, amoniaco e hidrógeno (lo que se pensaba que era la com-

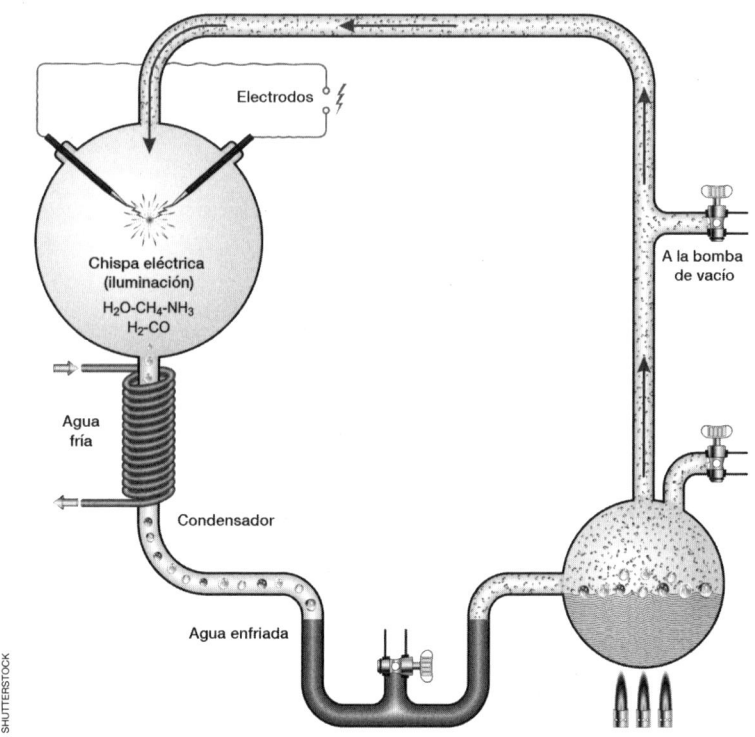

SHUTTERSTOCK

Como vemos en esta ilustración, el experimento de Miller-Urey consistía en un conjunto de recipientes de cristal que contenían amoniaco, agua, metano e hidrógeno (la composición de la Tierra primitiva) y un par de electrodos que simulaban los rayos del Sol.

posición de la Tierra primitiva), y unos electrodos que lanzaban chispas (simulaban los rayos como aporte de energía). A medida que transcurría la semana, el color del agua pasó de un rojo a un pardo amarillento. Cuando Miller desenchufó los electrodos del matraz, este se encontraba recubierto de una sustancia insoluble constituida por una red de átomos de carbonos y otros elementos unidos irregularmente. Este fenómeno es muy común cuando se producen reacciones orgánicas, tales sustancias son conocidas como alquitranes, resinas o polímeros. Como diría un bioquímico: «Son un verdadero fastidio, sobre todo a la hora de limpiar el equipo».

Pero un 15 % no se había convertido en alquitrán y con paciencia y cierto grado de maestría podía ser identificado. Cuando Miller le preguntó a Urey qué era lo que podían encontrar, este le contestó: «El *Beilstein*», un nombre que hace referencia a un manual de varios volúmenes donde se describen millones de compuestos orgánicos. En definitiva, Urey esperaba que se produjera un poco de todo. Ahora bien, si hubieran aparecido muchos productos en cantidades ínfimas, el experimento no habría sido más que una lastimosa pérdida de tiempo. Pero no fue así.

El análisis químico dio como resultado que se había sintetizado una de las biomoléculas esenciales para la vida, el aminoácido glicina. Miller repitió el experimento y esta vez obtuvo media docena de aminoácidos. En ese momento, Urey apremió a su estudiante para que escribiera un artículo, y Miller terminó de redactarlo tan solo cinco meses después. En un gesto de generosidad, el profesor retiró su firma del texto; de este modo rompía con la ancestral tradición universitaria por la que el jefe del laboratorio aparece siempre como autor principal haya o no haya hecho el trabajo, así que Miller se quedó con la parte del león. El artículo apareció en la prestigiosa revista *Science* y fueron varios los medios de comunicación que se hicieron eco rápidamente. *The New York Times* lo publicó como noticia destacada, al igual que la revista *Time*: «Si su aparato hubiera sido tan grande como un océano y si hubiera estado funcionando durante un millón de años en lugar de una semana, podría haber creado algo parecido a la primera molécula viva». Esta frase da en el clavo, pues indica que la vida aparece por generación espontánea si se le da el tiempo suficiente. Por eso otro nobel, George Wald, escribió en la revista *Scientific American*: «Basta con contemplar la magnitud de la empresa para conceder que la generación espontánea de un organismo vivo es imposible. Pero estamos aquí, como resultado, creo yo, de una generación espontánea… El tiempo es, de hecho, el héroe de la historia. Ese tiempo con el que tenemos que tratar es del orden de los miles de millones de años».

EL OPTIMISMO EN UN TUBO DE ENSAYO

El experimento de Miller-Urey provocó una revolución en la búsqueda del origen de la vida y estableció el modelo estándar de lo que pudo suceder en la Tierra primitiva. Leamos su descripción en el magnífico libro del astrónomo Robert Jastrow, publicado en 1977, *Hasta que muera el Sol:* «La Tierra tiene mil millones de años de edad. El cielo parece familiar; es de un profundo color azul manchado con retazos de nubes blancas. Pero los gases son raros; en lugar de oxígeno, la atmósfera contiene vapores acres de amoniaco, de la amenaza inodora del metano y trazas de hidrógeno. Un mar somero cubre el planeta. En cada descarga eléctrica, los gases de la atmósfera y los átomos se funden para formar nuevos y extraños compuestos, jamás vistos antes en la Tierra. Estos grupos de átomos son moléculas conocidas como aminoácidos y nucleótidos. Gradualmente esas moléculas caen a la superficie creando una sopa rica en compuestos orgánicos, como un caldo de pollo pero más concentrado… Durante el curso de mil millones de años, cada posible molécula aparece por colisiones al azar. Eventualmente, tras incontables millones de estos encuentros fortuitos, apareció una molécula con la mágica habilidad de hacer copias de sí misma… esa molécula es el progenitor, las copias son sus descendientes. Cuando la primera molécula similar al ADN apareció, la naturaleza cruzó el umbral del mundo no vivo al vivo».

Muchos otros investigadores siguieron la senda que Miller había desbrozado. Sidney Fox y Kaoru Harada lograron resultados similares en la década de 1960. En su experimento, el metano fluyó a través de una solución concentrada de hidróxido de amonio y luego a un tubo caliente que contenía arena de sílice a unos 1000 °C. El resultado fueron doce aminoácidos similares a proteínas: ácido aspártico, ácido glutámico, glicina, alanina, valina, leucina, isoleucina, serina, treonina, prolina, tirosina y fenilalanina. Estos científicos formaban una pareja bastante peculiar. Fox tenía una personalidad arrolladora y desbordaba entusiasmo en sus exposiciones, por lo que Harada dejó que fuera él quien promocionase su trabajo. De este modo, trabajando a la sombra de Sid, la comunidad científica se fue olvidando de sus formidables aportaciones. Supuso un trato desafortunado para Harada, que combinaba todas las cualidades de un buen científico: creatividad, conocimiento, destreza, diversidad y humanismo. Además, Harada era un auténtico artista, dibujaba retratos y disfrutaba realizando trucos de magia química, lo que le ayudaba a promover la química orgánica.

Fox sugirió un modelo de emergencia de la vida que incluía las siguiente fases: primera, la aparición espontánea de aminoácidos a partir de constituyentes inorgánicos y bajo la influencia de altas temperaturas; segunda, la condensación de aminoácidos usando el calor como energía para formar polímeros similares a las proteínas, que Harada y Fox bautizaron como *proteinoides* tras obtenerlas en el laboratorio en 1958. La tercera y última fase consistía en la formación de estructuras esféricas similares a las células, llamadas *microesferas,* a partir de una solución de proteinoides bajo unas ciertas condiciones fisicoquímicas. Estas microesferas recuerdan mucho a los coacervados de Oparin. De hecho, el trabajo de Fox continúa donde Oparin lo dejó.

No es de extrañar que, después del experimento de Miller, el optimismo fuera abrumador. Rápidamente se habían conseguido sintetizar aminoácidos y algo similar a las proteínas; todo el mundo parecía convencido de que los nucleótidos, los ladrillos del ARN y del ADN, no tardarían en caer. Ahora bien, estos elementos son más difíciles de obtener. Para formar un nucleótido es necesario conectar tres compuestos diferentes de una manera muy específica. Primero hay que seleccionar una de las cuatro unidades de información, las bases nitrogenadas adenina, citosina, guanina y uracilo (si hablamos de ARN), y unirla de una forma poco convencional a un azúcar, la ribosa. El conjunto obtenido debe unirse después a un grupo fosfato (un átomo de fósforo rodeado de cuatro oxígenos) para formar el nucleótido. Una carambola bastante complicada, pero el optimismo era alto.

Y la confirmación experimental no tardó en llegar. En 1960, el español Joan Oró sintetizó la adenina con solo calentar una disolución concentrada del altamente tóxico cianuro de hidrógeno (HCN), también conocido como ácido prúsico. También demostró que se pueden producir aminoácidos a partir de HCN más amoniaco en una solución acuosa (hoy sabemos que podemos obtener la ribosa a partir del formaldehído por diferentes caminos). El camino hacia la solución del origen de la vida parecía estar al alcance de un tubo de ensayo.

Una vez que tenemos los nucleótidos, debemos conectarlos de algún modo. Eso es lo que hizo a finales de la década de 1960 James Ferris del Politécnico Rensselaer, ensayo por el que ganó la Medalla Oparin. Ferris fue capaz de «montar» un trozo de ARN con más de cincuenta unidades de largo trabajando con superficies minerales, en particular con una arcilla llamada montmorillonita. De ahí que Ferris apoyara la vía de Haldane del gen-primero: «Probablemente, las primeras formas de vida contenían ácidos nucleicos para almacenar la información genética». Hermann J. Muller, ganador del Premio Nobel por descubrir que la radiación causa mutaciones, escribió en 1966 que a los genes «es legítimo llamarlos material viviente, el representante actual de la primera vida». Y el astrónomo Carl Sagan, cuando era un estudiante graduado, especuló con la posibilidad de que hubiera existido «un gen primitivo libre y desnudo colocado en una medio diluido de materia orgánica».

EL MONSTRUO DE SPIEGELMAN

Pero ¿un «gen desnudo» podría sobrevivir y adaptarse a un medio gracias a una serie de mutaciones aleatorias? A mediados de la década de 1960, el bioquímico Sol Spiegelman intentó comprobar esta idea en un experimento que se conoce desde entonces como el *monstruo de Spiegelman*. Para ello seleccionó un gen del virus Qβ, que vive en el interior de la famosa bacteria *Escherichia coli*, de la que utiliza su maquinaria celular para sobrevivir. El material genético de este virus es relativamente pequeño y no está construido con ADN, como nuestras células, sino con ARN. Entre sus genes hay uno que codifica una proteína llamada Qβ replicasa, esencial para el proceso de copiado.

Spiegelman creó un diminuto mundo para ese gen desnudo. Lo colocó en un entorno con un abastecimiento abundante de los nucleótidos que necesitaba para hacer las copias de ARN y le proporcionó la replicasa. El ARN tenía todo lo necesario para multiplicarse y así lo hizo, generación tras generación. Entonces los investigadores transfirieron parte a un nuevo recipiente y el proceso se repitió. Obviamente, en cada generación se cometían errores de copia y aparecían ARN mutantes. Estas nuevas «especies» competían entre sí: si una podía copiarse en menor tiempo que sus «hermanas», habría más de ella en un tiempo dado y aumentaría su proporción en la mezcla. Por ejemplo, si una hebra de ARN podía copiarse en diez minutos en lugar de veinte, en ese tiempo habría cuatro copias mientras que las otras solo tendrían dos.

La forma más dramática de aumentar la velocidad de reproducción es acortar la longitud del ARN pues, al igual que cuando escribimos, es más rápido copiar una frase corta que otra larga. En el entorno proporcionado por Spielgman, en toda la cadena de ARN solo había una cosa imprescindible: la que hacía que la replicasa reconociera el ARN. El resto del ácido nucleico era superfluo. ¿Qué sucedió? Al final del experimento, de los cerca de 4500 nucleótidos con los que empezó le queda-

Jim Ferris investigó el uso de la montmorillonita, un mineral probablemente presente en la Tierra primitiva, como superficie para la polimerización de ARN.

ban 550: la mayor parte del ARN había sido descartado en pos de acelerar el proceso de copiado.

Entonces Spielgeman decidió introducir una variante: colocar en la mezcla una sustancia que se unía a ciertas partes del ARN mutado y reducía la velocidad de copiado. En poco tiempo apareció un mutante capaz de destruir los lugares de anclaje de esa sustancia cambiando una única letra de su secuencia de ARN en tres lugares. De este modo, la velocidad de reproducción del mutante volvió a su valor anterior.

Estos experimentos dieron comienzo a lo que tiempo después se llamaría *evolución en un tubo de ensayo*. ¿Pudo pasar algo así en el origen de la vida? Ciertamente no, pues este montaje requería de un componente que no existía en la Tierra primitiva: el experimentador humano, que proporcionaba la replicasa y los bloques con los que construir el ARN. Dicho de otro modo: aunque los océanos de la Tierra primitiva estuvieran repletos de nucleótidos, aunque por una larga serie de carambolas pudiera formarse una diminuta hebra de ARN, sin la presencia de una proteína similar a la replicasa no podría reproducirse.

Lo que tenemos es una versión del clásico dilema de qué fue primero, la gallina o el huevo. El ARN no puede replicarse sin la ayuda de las proteínas y estas no pueden construirse a sí mismas, no pueden reproducirse, son estériles. La única solución a este aprieto es que alguna de las dos suposiciones anteriores sea errónea. Así, en 1968, Francis Crick y Leslie Orgel sugirieron que el ARN podría hacer el trabajo de las proteínas, esto es, que podría no necesitar una proteína para replicarse. La idea durmió el sueño de los justos hasta que se obtuvieron nuevos resultados experimentales.

Del mundo de ARN a las arcillas

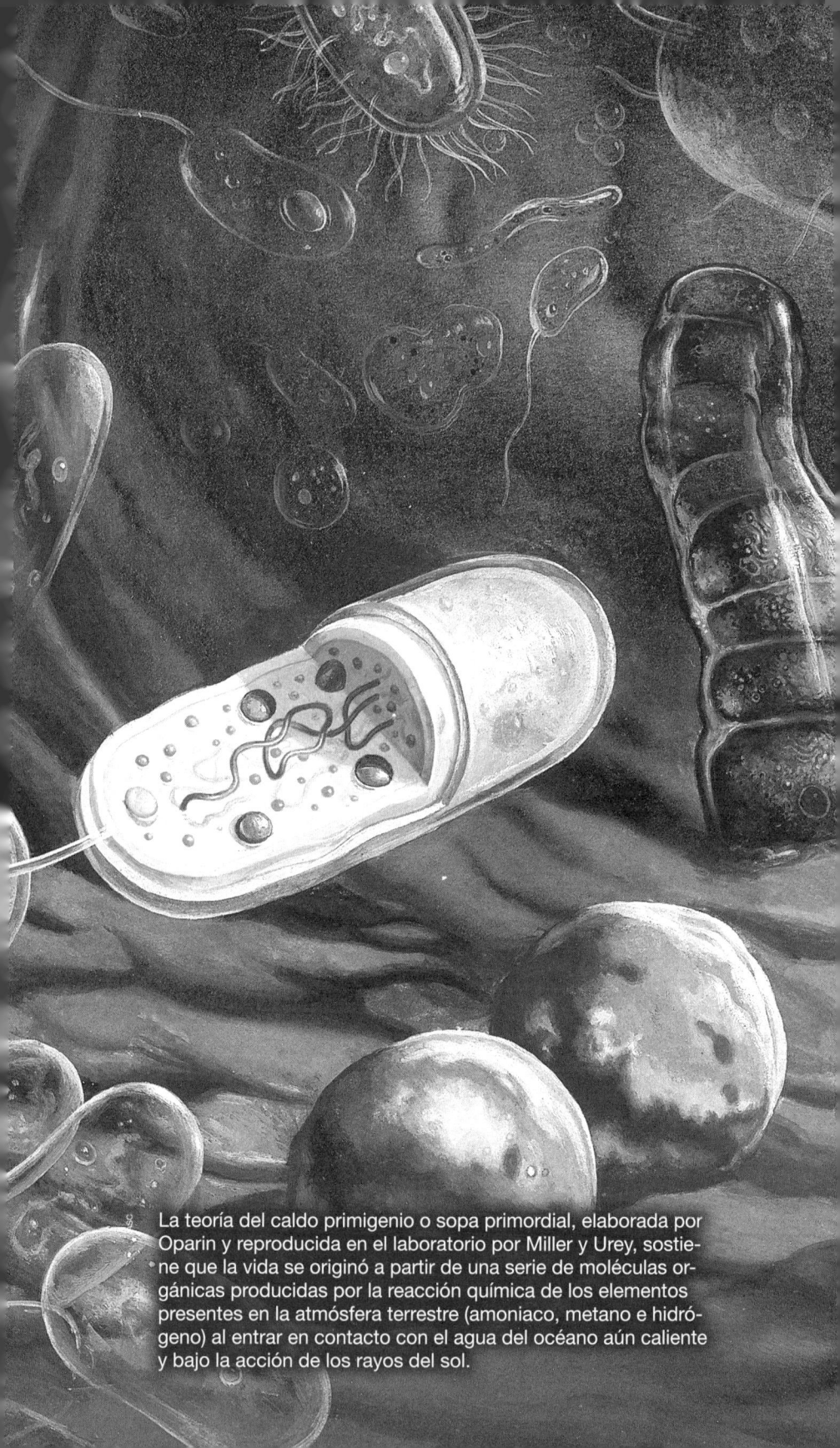

La teoría del caldo primigenio o sopa primordial, elaborada por Oparin y reproducida en el laboratorio por Miller y Urey, sostiene que la vida se originó a partir de una serie de moléculas orgánicas producidas por la reacción química de los elementos presentes en la atmósfera terrestre (amoniaco, metano e hidrógeno) al entrar en contacto con el agua del océano aún caliente y bajo la acción de los rayos del sol.

En el escenario tradicional de la Tierra joven se supone que tenemos una atmósfera consistente en metano, amoniaco, hidrógeno y un poco de vapor de agua; es lo que se llama una atmósfera reductora (con presencia mínima de oxígeno y otros gases oxidantes). Como demostró el experimento de Miller, en estas condiciones, la aparición de moléculas orgánicas es bastante fácil. Sin embargo, este escenario fue perdiendo credibilidad con los años y la suposición de una atmósfera primitiva extremadamente rica en hidrógeno (reductora) se ha desinflado totalmente. Por suerte, en esta nueva composición de la atmósfera, más neutra, también se forman moléculas orgánicas —pues el requisito básico es la ausencia de oxígeno libre—, aunque no tan fácilmente.

El concepto de la vida emergiendo de una sopa primordial implica que las condiciones naturales de la Tierra primitiva tutelaran (1) la producción de moléculas orgánicas simples; (2) la selección de vías que, en lugar de producir un maremágnum sin sentido de moléculas, lleven a un estado de complejidad orgánica creciente; (3) el desarrollo de formas específicas de actividad química que den comienzo a la maquinaria de la vida, y (4) la aparición de membranas que previenen que los productos creados se dispersen en el medio.

El segundo punto es especialmente complicado pues los procesos prebióticos se caracterizan por crear una desconcertante diversidad de moléculas. Algunas están preparadas para servir como materiales esenciales para la vida, como aminoácidos, azúcares, lípidos, etc., pero la mayor parte de ese revoltijo molecular no desempeña ningún papel en el origen de la vida. Que en esa charca aparecieran las moléculas adecuadas en la concentración oportuna para conseguir que se uniesen de la forma correcta creando moléculas grandes (proceso que se llama polimerización) es un enigma central en la investigación sobre el origen de la vida. Por desgracia, no es el único misterio. Otro igual de importante es que, en algún momento de todo este proceso, debemos incorporar la quiralidad.

Para entenderlo contemplemos nuestras manos. No son idénticas, sino que una es la imagen especular de la otra, como ocurre con las letras *b* y *d*. Si una molécula puede tener estas dos orientaciones, cuando se produce la síntesis, aparece siempre de las dos formas en proporción 50:50, lo que da lugar a lo que se llama una mezcla racémica, pues no existe ninguna razón para que una forma predomine sobre otra. A pesar de esto, nos encontramos con que todas las células actuales muestran ser exquisitamente selectivas, pues prefieren los aminoácidos en forma zurda (L-aminoácidos) y los azúcares en forma diestra (R-azúcares). Tras más de siglo y medio de estudio, todavía no tenemos ni idea de por qué se produjo esta *homoquiralidad* en el principio de los tiempos.

Aún podemos citar un tercer enigma sobre el origen de la vida que se conoce como la *paradoja de Eigen* y está relacionado con los errores de copia de los ácidos nucleicos. Manfred Eigen es uno de los grandes nombres en el estudio del origen de la vida. De padre violonchelista, a los quince años era un pianista muy competente y con una prometedora carrera por delante. Sin embargo, el joven Eigen también sentía una fuerte inclinación por la química, de hecho, había montado en casa un pequeño laboratorio. En 1942, cuando los aviones aliados comenzaron a bombardear Alemania, su clase fue reclutada para servir en las baterías antiaéreas de su ciudad natal, Bochum. Cuando Alemania se rindió el 7 de mayo de 1945, Eigen, a dos días de cumplir la mayoría de edad, estaba destinado en el aeropuerto de Salzburgo. Aquel día fue capturado por las tropas nor-

El químico alemán Manfred Eigen fotografiado en 1979.

ASC / MAX PLANCK SOCIETY.

teamericanas, no obstante logró escapar y caminó durante un mes para recorrer los casi mil kilómetros que lo separaban de Bochum. Eigen, consciente del serio hándicap que significaba haber estado separado del piano durante más de tres años, decidió dedicarse a la ciencia. La Universidad de Gotinga lo aceptó como estudiante de Geofísica, la única rama de la física en la que quedaba alguna plaza: la universidad estaba sobresaturada de estudiantes jóvenes que, tras abandonar el ejército, volvían a los estudios. Pero la geofísica no era lo suyo sino la química y, por tanto, redirigió sus pasos hacia esta disciplina.

Cuando años después se acercó al tema del origen de la vida, a Eigen no le interesaba tanto saber cómo apareció la primera molécula autorreproductora sino entender cómo alcanzó la siguiente fase, la síntesis de proteínas. Para Eigen, creer que este proceso se desencadenó por puro azar era un despropósito. Consideremos, escribió, un único gen hecho de mil nucleótidos. La cantidad de genes que habría que construir al azar para tener alguna posibilidad de que apareciera es de 10602, esto es, un uno seguido de 602 ceros, y «toda la materia contenida en el universo corresponde, peso a peso, a 1075 genes de mil nucleótidos de longitud».

39

Por este motivo, Eigen supuso que debía haber un principio organizador jugando bajo la piel de la experiencia: la selección natural. Pero ¿no es cierto que el mecanismo darwiniano solo empieza a funcionar cuando ya existe una molécula autorreproductora? Según Eigen, esto no es así, pues únicamente la selección natural actuando sobre la materia inanimada puede explicar la emergencia de la vida.

En 1971 Eigen advirtió un importante problema. Una cadena de ARN tiene que ser lo suficientemente larga como para poder almacenar la información necesaria para sintetizar la proteína y, además, también debe contener las instrucciones para construir una enzima que repare las mutaciones, los errores de copia, pues sin ella es imposible que la nueva cadena de ARN preserve la información original. Eigen calculó la longitud máxima que puede tener una molécula codificante sin enzimas reparadoras que, a una tasa de mutaciones dada, conserve la información original: el máximo número de nucleótidos es de tan solo unos pocos cientos, un tamaño (o umbral de error) demasiado pequeño para un ARN funcional. Volvemos a enfrentarnos al problema del huevo y la gallina, pero con una solución aún más difícil. ¿Qué fue primero, el genoma grande o las enzimas correctoras de errores? La conocida como paradoja de Eigen es uno de los enigmas más difíciles de resolver en el estudio de los orígenes de la vida.

LAS FUMAROLAS OCEÁNICAS Y SUS EXTRAÑOS HABITANTES

Dejemos estos tres problemas a un lado y viajemos hasta febrero de 1977, cuando nuestra forma de entender la vida en la Tierra cambió para siempre. El geólogo marino Jack Corliss y dos compañeros se encontraban explorando a bordo del sumergible *Alvin* la dorsal del Pacífico Oriental, a 2500 km de profundidad. Esta cresta submarina situada frente a las islas Galápagos desarrolla una intensa actividad volcánica y es una zona de formación de corteza oceánica.

Esta inmersión no era nada especial, una más del centenar que *Alvin* ya había realizado. La intención de Corliss era localizar y estudiar una fuente hidrotermal, una especie de géiser submarino que lanza chorros de agua hirviendo al frío océano. Pero la naturaleza siempre nos sorprende. Con los ojos como platos, Corliss descubrió algo inesperado, todo un ecosistema de nuevas y desconocidas especies: cangrejos albinos larguiruchos, almejas del tamaño de una pelota de fútbol y extraños gusanos tubulares de dos metros. Y lo más insólito: estos ecosistemas jamás habían visto la luz del Sol.

Todo comienza cuando el agua helada se cuela a través de una grieta en el suelo marino, se calienta y se acidifica. A 350 °C arrastra cobre, hierro y zinc de las rocas de los alrededores y se convierte en un líquido corrosivo. Esta agua asciende en forma de un chorro hirviente que se abre paso hasta golpear el agua helada del fondo oceánico. Entonces se produce una lluvia de metales que hace emerger chimeneas alrededor de la abertura. La temperatura de estas fumarolas alcanza los 400 °C y el agua está perfumada de azufre. Lo sorprendente es que de esta bebida ponzoñosa emerge la vida. El sulfuro de hidrógeno, venenoso para los humanos, es maná llovido del cielo para las bacterias que viven allí que, gracias a su abundancia, crecen rápidamente y acaban componiendo un tupido tapete bacteriano sobre la roca recién formada.

Poco a poco la fumarola se va llenando de vida: almejas, mejillones, gusanos de tubo, cangrejos, lapas… En la superficie, las plantas usan la energía del Sol; en las profundidades de las fuentes hidrotermales es la quimiosíntesis la base de la vida. Las bacterias que viven en los gusanos de tubo utilizan el sulfuro de hidrógeno que emite la fumarola para elaborar comida para su huésped. En otras circunstancias este esfuerzo sería letal, pues las altas concentraciones de este compuesto matarían a la mayoría de los animales, pero los gusanos de tubo prosperan en esta mortal combinación de gases. Lo que sucede es que el zinc de su hemoglobina se une temporalmente al sulfuro de hidrógeno y lo transporta a la bacteria sin matar al gusano. Un ejemplo perfecto de simbiosis en un entorno extremo.

Este descubrimiento hizo que Corliss y sus colegas de la Universidad de Oregón se plantearan que las fuentes hidrotermales

Como vemos en la imagen, la cadena montañosa submarina conocida como dorsal del Pacífico Oriental se extiende desde la Antártida hasta el golfo de California.

podrían haber sido el lugar donde apareció la vida. Había una fuente externa de calor continuo y, lo mejor de todo, las moléculas estarían protegidas de los letales rayos ultravioleta por una montaña de agua. La charca calentita de Darwin se trasladaba a los fondos oceánicos. La idea fue ganando adeptos entre los investigadores y, aunque se atribuyó todo el mérito a Corliss, lo cierto es que fue propuesta por una estudiante de doctorado llamada Sarah Hoffman como proyecto para un seminario de Oceanografía en 1979. Posteriormente Corliss se apropiaría de esta tesis.

La teoría del mundo de ARN

En esa misma época, el químico Thomas R. Cech estaba estudiando el proceso de corte y empalme (*splicing*) del ARN del protozoo *Tetrahymena thermophila* cuando descubrió una molécula de ARN que podía actuar de manera parecida a una proteína: tenía la habilidad de cortarse y unirse sin la ayuda de nadie. En 1982, Cech demostró que algunas moléculas de ARN no se limitan a ser portadoras pasivas de información genética, sino pueden tener funciones catalíticas y participar en reacciones celulares. Este descubrimiento le valió a él y a su colega Sidney Altman —que lo descubrió de manera independiente— el Premio Nobel en 1989. A esta molécula de ARN se la llamó *ribozima,* contracción de las palabras «ácido ribonucleico» y «enzima».

En 1986 Walter Gilbert publicó un artículo fundamental. Había ganado el Premio Nobel de Química por desarrollar métodos para leer la información codificada en el ADN de organismos vivos. Gilbert, que comenzó su carrera científica como físico, tenía cierta inclinación hacia la especulación científica, una característica que no suelen compartir los biólogos. En su artículo combinó la idea de un gen desnudo con los ribozimas y la aplicó al origen de la vida: «El primer estadio de la evolución es producto de las moléculas de ARN realizando las actividades catalíticas necesarias para armarse ellas mismas en una sopa de nucleótidos».

Empleó el término *mundo de ARN* para describir una biosfera donde este primitivo ácido nucleico realizaba todas las tareas fundamentales antes de que las proteínas entraran en escena. El término cuajó hasta el punto de que empezó a aparecer en los libros de texto. Así, el clásico manual de Lubert Stryer, *Bioquímica,* incluía una sección titulada: «El ARN probablemente llegó antes que el ADN y las proteínas». Entre otras cosas, el texto conjeturaba: «probablemente [la vida] comenzó cuando el ARN escribió el guion, dirigió la acción y representó todos los papeles».

El problema es que la naturaleza no juega a nuestro favor y no ha dejado traza alguna de aquel supuesto mundo primitivo. En ausencia de esta ayuda, los investigadores decidieron que si Mahoma no iba a la montaña, la montaña iría a Mahoma, y prepararían un ARN replicasa en sus laboratorios. Por desgracia, las posibilidades en contra son abrumadoramente inmensas. Por ejemplo, si quisiéramos preparar una mezcla que contenga una molécula de cada posible ARN con una longitud de tan solo 100 nucleótidos a las concentraciones de uso habitual en la investigación bioquímica, necesitaríamos un contenedor ocho veces más grande que el sistema solar para albergarlo.

Obviamente, existía algún atajo y este fue hallado por los bioquímicos Jack W. Szostak y Gerald F. Joyce. Estos científicos consiguieron reducir el número total de moléculas de ARN a un billón usando productos comerciales, enzimas y una serie de elegantes técnicas de laboratorio. Después separaron las moléculas con las propiedades que estaban buscando y dejaron que empezaran a multiplicarse utilizando replicasas. Finalmente, se secuenciaban, y esa información servía de punto de partida para otra tanda de experimentos. De este modo, consiguieron preparar una ribozima que cortaba fragmentos de ADN.

Por supuesto, el optimismo en aquel momento era más que evidente. En 1982, el propio Joyce afirmaba en el libro coral *Extraterrestrials: where are they?*: «Es solo cuestión de tiempo, contando más en años que en décadas, que pueda demostrarse en el laboratorio un sistema evolutivo de ARN automantenido. Será el caso en el cual una forma de vida basada en ADN y proteína, un bioquímico humano, dará lugar a una forma de vida basada en ARN, una secuencia de eventos inversa a la que tuvo lugar en la historia temprana de la Tierra». Hoy, más de cuatro décadas después, seguimos esperando.

Pero no todo el mundo creía que ese fuera el camino. Para Robert Shapiro «si queremos modelar cómo la vida pudo haber empezado en la Tierra, debemos escuchar a la naturaleza en lugar de instruirla». Shapiro era conocido con el apodo de Dr. No por su insistente crítica a los experimentos en química prebiótica. Le parecía ridículo que los ensayos de química prebiótica usaran técnicas de síntesis de laboratorio cuando era evidente que la naturaleza no iba por ese camino. Para este profesor de Química, sería más realista calentar a la vez compuestos como el cianuro de hidrógeno y el formaldehído y observar lo que pasa; claro que «todos sabemos lo que sucede; estas dos sustancias tienen una gran afinidad entre ellas y la reacción toma una dirección totalmente diferente». De la misma opinión era el químico británico Graham Cairns-Smith: «La importancia de este trabajo no es que demuestre cómo pudieron formarse los nucleótidos en la Tierra primitiva, sino precisamente lo opuesto: nos muestra con gran detalle que cualquier otra cosa hubiera sido posible».

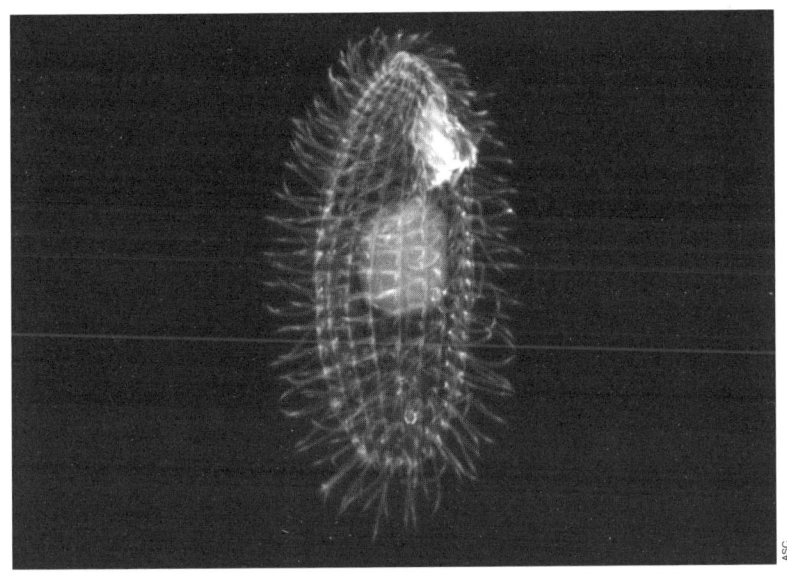

El estudio del protozoo *Tetrahymena thermophila* condujo
al descubrimiento de la ribozima.

Además hay que tener en cuenta que para tener un ARN primigenio no basta con que la charca contenga una buena concentración de sus ladrillos, sino que también deben mantenerse ahí durante un tiempo sin descomponerse. Stanley Miller midió la estabilidad de la ribosa (el azúcar que forma parte de la estructura del ARN) y advirtió que, a temperatura ambiente, la mitad se descomponía pasados trescientos días. Por el contrario, la citosina aguanta trescientos años. Pero esto no hizo que se abandonara la hipótesis del mundo de ARN, sino que se dio una nueva vuelta de tuerca y los bioquímicos plantearon la existencia de un mundo pre-ARN con un replicador sobre el que la selección natural pudo actuar y que, en cierto momento, fue reemplazado por el ARN. Así se expresaba en 2018 Gerald F. Joyce: «Es fructífero considerar la posibilidad alternativa de que el ARN fuera precedido por alguna otra molécula replicante y en evolución, del mismo modo que el ADN y las proteínas fueron precedidos por el ARN». Aclaremos entonces la línea de pensamiento de los defensores del mundo de ARN: como es imposible que el ADN apareciera desde un principio, tenemos que postular que fue el ARN el que lo hizo. Claro que esto también da problemas, lo que implica que tuvo que existir una molécula previa, un pre-ARN hoy desconocido, para resolver el embrollo. Quien entienda el tirabuzón lógico que levante el dedo.

Por supuesto, todas estas divagaciones obvian el problema clave: ¿cómo pudo montarse este replicador? ¿Cómo se consiguió la polimerización? Cuando las condiciones ambientales fuerzan a las moléculas a combinarse entre sí, no lo hacen de forma selectiva; los nucleótidos del ARN no se buscan unos a otros, y pueden combinarse formando una gran cantidad de otras moléculas orgánicas que nada tienen que ver con la vida.

SERES DE BARRO

En este punto entra en juego Graham Cairns-Smith, un escocés que dejó a un lado una prometedora carrera como pintor al óleo (en una ocasión vendió 30 de sus 36 obras expuestas en las galerías McLellan de Glasgow) por la ciencia. En 1972 ya había abandonado la pintura y su principal obsesión eran los sistemas genéticos más simples que podrían haber sido importantes en las primeras etapas de la evolución de la vida. Estaba seguro de que la respuesta no estaba en ningún tipo de ácido nucleico primordial.

Hasta 1985 todos los investigadores aceptaban el hecho de que, como el carbono es el átomo de la vida, todo debió empezar con él. Pero ese año Cairns-Smith publicaba *Siete pistas sobre el origen de la vida*. En este libro, escrito como una novela de detectives, lo que el escocés defendía era casi una herejía: la vida comenzó evitando los componentes de carbono hasta que, gracias a la evolución, aparecieron y triunfaron porque se adaptaban infinitamente mejor que el resto a los procesos biológicos. De este modo, el material original fue descartado y sustituido por el que conocemos ahora. La idea de Cairns-Smith es que, antes de cualquier primitivo ADN o ARN, pudo haber existido un sistema que almacenase y copiara la información genética, un replicador que apareciera con facilidad en las condiciones de la Tierra primitiva. Después, ese desconocido héroe sería sustituido por los ácidos nucleicos.

Pero ¿qué material podría ser? El golpe de efecto de Cairns-Smith dejó a todos con la boca abierta. Se trataba de un material que conocemos desde tiempos prehistóricos y que ha servido tanto de soporte para los primeros escritos como de recipiente para contener líquidos: la arcilla. Para Cairns-Smith, los microcristales de arcilla, cuya unidad de construcción básica son los silicatos, provocaron la aparición de la primera molécula autorreproductora. Entre sus propiedades más importantes se encuentra que poseen una gran reactividad; de hecho, los agricultores saben que es bueno que haya arcilla en los campos de cultivo, pues favorece reacciones químicas que benefician a las plantas. Cairns-Smith propuso que las moléculas orgánicas vivían pegadas a las arcillas, que actuaban como catalizadores de sus reacciones, hasta que un día se produjo un «relevo genético»: aquellas primitivas moléculas desarrollaron la capacidad de replicarse y evolucionar por su cuenta. Si realmente sucedió así —y eso es algo que está por demostrar—, se podría resolver el problema de la existencia de esa quiralidad de las moléculas orgánicas: bastó una ligera desviación en la posición del silicio de las arcillas para definir la preferencia por un tipo de orientación en aminoácidos y carbohidratos. Así, las primeras formas de vida no fueron las células, sino algo parecido al lodo. La arcilla volvía de nuevo y con más fuerza al campo de juego desde que Ferris la usara para sintetizar su diminuto ARN en los años 60. Quizá los viejos mitos de construir seres humanos con arcilla no iban tan descaminados.

Tres años más tarde, en 1988, un químico que trabajaba como abogado de patentes en Múnich, Günter Wächtershäuser, seguía el camino marcado por Cairns-Smith y publicaba un artículo que incidía en el papel crucial del mundo mineral en el origen de la vida. Alumno y amigo personal del filósofo de la ciencia Karl Popper, fue este quien lo animó a poner por escrito sus ideas. En esencia, Wächtershäuser rompía con toda la tradición anterior y construía una detallada teoría en la cual los minerales —y, en particular, los sulfuros de hierro y níquel— actúan de catalizadores y proporcionan la energía necesaria para que se den las reacciones de síntesis prebiótica.

Wächtershäuser, como buen alumno de Popper, diseñó todo un esquema partiendo de unas pocas suposiciones plausibles. La primera era desdeñar la «sopa primordial», pues no le convencía nada que la aparición de vida dependiera de síntesis fortuitas y aleatorias altamente improbables. La segunda es que las primeras formas de vida habrían sido capaces de producir sus propias moléculas sin necesidad de rapiñar aminoácidos, hidrocarburos y otras cosas de los alrededores. La vida para Wächtershäuser había sido autotrófica, construyendo desde cero sus propias moléculas. La tercera suposición era que la fuente de energía primigenia no fue el Sol sino la energía química encerrada en los minerales. Como cuarta hipótesis estableció que lo primero que apareció fue el metabolismo, que Wächtershäuser define como un ciclo simple de reacciones químicas que se duplica a sí mismo. A todo esto añadía una suposición que es común al resto de la teorías sobre el origen de la vida: la continuidad biológica,

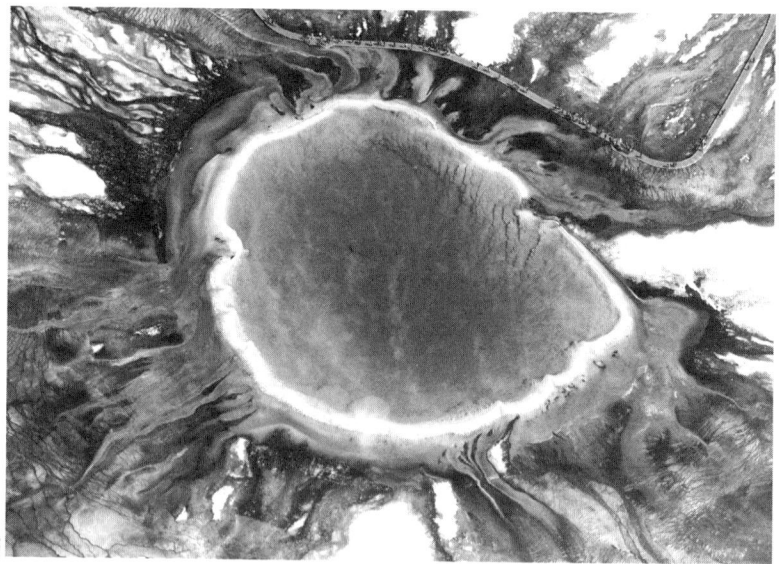

Sobre estas líneas, la Gran Fuente Prismática del Parque Nacional de Yellowstone. Se trata de una inmensa fuente de aguas termales que sin duda recuerda a la famosa sopa primigenia.

esto es, que la bioquímica actual —con independencia de lo intrincada y complicada que pueda ser— evolucionó siguiendo un camino continuo desde la geoquímica primordial, es decir, no hay saltos ni discontinuidades.

A lo largo de cien páginas de detalladas reacciones químicas, Wächtershäuser sentó los pilares a su hipótesis central: los sulfuros de níquel y, sobre todo, los de hierro —como la pirrotita y la pirita— sirvieron como plantilla, catalizador y fuente de energía para la biosíntesis. Esta idea del papel preponderante de los minerales se le ocurrió al advertir que la mayoría de las moléculas que permiten obtener energía a la célula poseen un corazón de átomos de hierro, azufre o níquel. La conjetura de Wächtershäuser es que el primer organismo, al ser una superficie metabolizante, no era un sistema celular. Este llegaría después: la formación de nuevos cristales de pirita y la acumulación de lípidos en su superficie llevarían a la formación de una envoltura cerrada alrededor de los granos de pirita que acabaría convirtiéndose en una protocélula.

MUCHAS HIPÓTESIS PERO NINGUNA CONCLUYENTE

De momento, estas son todas las hipótesis sobre el origen de la vida que se manejan en la actualidad. Como podemos ver, la división entre los científicos es mayúscula. Un grupo afirma que la vida es un imperativo cósmico y aparece en cualquier lugar del universo donde se den las condiciones apropiadas; sus rivales sostienen que la aparición de la vida en la Tierra fue una casualidad y, muy posiblemente, algo único. Algunos defienden la existencia de algún tipo de membrana anterior a la vida, mientras que otros insisten en una vida en dos dimensiones sobre algún tipo de superficie. Hay quienes creen que el origen de la vida depende de la energía solar, sin embargo, otros señalan al calor interno de la Tierra. A falta de pruebas experimentales, las posturas se polarizan y se vuelven inflexibles.

No obstante, el debate más importante es el que enfrenta a dos grupos de científicos, cada uno de ellos tomando partido por dos procesos biológicos esenciales: el metabolismo o la genética. El metabolismo es la habilidad de ensamblar estructuras biomoleculares a partir de una fuente de energía, ya sea la luz del Sol o el calor interno de la Tierra, y obteniendo la materia necesaria recogiendo los materiales del entorno. Por el contrario, la genética tiene que ver con la transferencia de información biológica de una generación a la siguiente a través de unas moléculas muy especiales que son capaces de duplicarse a sí mismas.

El problema es que el metabolismo y la genética constituyen dos sistemas separados, químicamente diferentes, como el sistema circulatorio y el nervioso en nuestro organismo. Sin embargo, ambos están inextricablemente unidos: el ADN posee las instrucciones necesarias para construir cientos de moléculas esenciales para el metabolismo, mientras que el metabolismo proporciona la energía y los ladrillos con los que construir el ADN y el resto del material genético. Los investigadores continúan envueltos en el debate sobre qué pudo aparecer primero. Los partidarios de ambas teorías esgrimen sus razones, no obstante, estas no parecen suficientes. Algunos científicos apuestan por una emergencia simultánea, pero resulta complicado suponer que fuera así, pues involucran procesos químicos muy diferentes y cada uno depende de un conjunto totalmente distinto de moléculas. Es más fácil imaginar que la vida surgiera a partir de pequeños pasos sucesivos, pero ¿cuál es la secuencia correcta?

MARS ATTACKS!

El rover *Curiosity* en plena misión espacial. La NASA ha enviado varios robots exploradores como este, diseñados específicamente para recorrer la superficie marciana; el último, en 2021.

SHUTTERSTOCK

finales del siglo XIX, el magnate del periodismo William Randolph Hearst envió un telegrama a un conocido astrónomo: «Telegrafíe inmediatamente 500 palabras sobre la posible existencia de vida en Marte». El astrónomo contestó «lo ignoramos» doscientas cincuenta veces. Nuestro querido planeta rojo siempre ha sido el lugar hacia el que hemos levantado los ojos buscando hombrecillos verdes con nariz de trompetilla. El fundador de la astronomía moderna, William Herschel, escribió en 1779 que de sus observaciones de Marte deducía que tenía «una atmósfera considerable pero moderada» y que los marcianos disfrutarían de «una situación en muchos aspectos similar a la nuestra».

La búsqueda de marcianitos verdes tuvo su momento de gloria a mediados del siglo XIX cuando, en la oposición de 1862, el padre Secchi en Italia observó algo que nadie había visto antes: lo que parecían unas líneas delgadas y desordenadas a lo largo de la superficie del planeta. Cuando describió a la comunidad astronómica sus observaciones las llamó *canali*. Esto inspiró al director del Observatorio de Brera en Milán, Giovanni Schiaparelli, a preparar toda una tanda de observaciones durante la siguiente oposición, que sucedería en 1877. Estaba de suerte porque iba a ser uno de los momentos de máximo acercamiento entre ambos planetas de aquel siglo.

Schiaparelli vio los *canali* de Secchi perfectamente: afirmó haber observado unas «depresiones del suelo no muy profundas, extendiéndose en dirección rectilínea por miles de kilómetros, con un ancho de cien, doscientos kilómetros o más». Esta vez algunos periódicos estadounidenses se hicieron eco de la historia y tradujeron la palabra italiana *canali* como *canals* (de origen artificial) en lugar de *channels* (que apunta a un origen natural). Aquella era la época de los grandes canales: el de Suez se había completado en 1869 y se estaba planificando la construcción del canal de Panamá. Estábamos ante el epítome del éxito de la civilización industrial así que, ¿por qué iba a ser diferente en Marte?

Este fue el pistoletazo de salida para la gran obsesión de finales del siglo XIX y principios del XX, los canales marcianos, que alcanzó su punto álgido cuando el astrónomo norteamericano Percival Lowell vio en estas depresiones grandiosas obras de ingeniería planetaria. Resulta llamativo recordar la idea que se tenía entonces de Marte; es realmente evocadora. El gran divulgador de la astronomía de entonces, el francés Camille Flammarion, escribió: «Si llegásemos a Marte no encontraría-

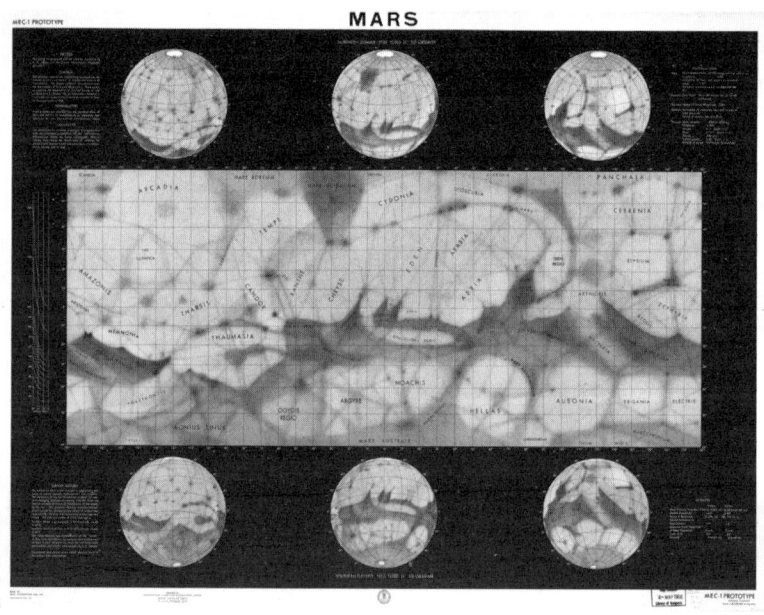

Mapa del planeta rojo realizado con la asesoría del Observatorio Lowell, Arizona, en 1962. Incluye seis mapas polares del verano boreal y austral desde distintos ángulos.

54

mos mayores diferencias que las que percibe un europeo al llegar a Australia». Y en su libro *La Planète Mars et ses conditions d'habitabilité* afirmó que «es muy probable que Marte esté habitado por una raza superior». Aunque no todos compartían esa visión. En 1901 el astrónomo español José Comas explicaba los canales como «alineaciones más o menos irregulares de detalles topográficos imperfectamente vistos» a partir de sus observaciones del Observatorio Fabra de Barcelona.

Tal era la fuerza de la creencia de que el planeta rojo estaba habitado que en 1900 la viuda del millonario francés Pierre Guzman ofreció a través de la Academia de Ciencias Francesa un premio de cien mil francos a quien se comunicara por primera vez con otro mundo… siempre que no fuera Marte. La viuda opinaba que sería muy fácil hacerse con el premio si se incluía a este, pues un año antes Tesla afirmó haber detectado misteriosas señales procedentes de ese planeta mientras experimentaba con la transmisión de señales sin hilos en su laboratorio de Colorado Springs: «Un día capté lo que parecían unas señales regulares. Sé que no se pudieron producir en la Tierra. La posibilidad de que vinieran de Marte pasó por mi mente, pero las presiones de mis otros negocios hicieron que abandonara este experimento». Nadie ha podido saber qué fue lo que llegó a su transmisor, aunque se especula con que lo que detectó fueron las emisiones de radio de su competidor, Guglielmo Marconi.

Curiosamente, el propio Marconi estaba convencido del poder de la radio para contactar con seres de planetas distantes. En 1902 afirmó que sus estaciones de radio habían recibido señales que podían tener un origen extraterrestre, y en la primavera de 1922 se dedicó a la caza de señales de marcianos —*stricto sensu*— con su barco *Electra* por todo el Atlántico. Esta martemanía alcanzó su máximo esplendor los días 22 y 23 de agosto de 1924, cuando, bajo la dirección del astrónomo David P. Todd, el Ejército y la Marina de Estados Unidos realizaron un apagón total de sus comunicaciones, salvo las estrictamente necesarias, para detectar posibles emisiones provenientes de Marte. Como no podía ser de otro modo, se recibieron «misteriosas señales» en distintas estaciones.

Con los nuevos y más potentes telescopios, las imaginarias civilizaciones tecnológicas de Lowell desaparecieron, pero su protagonismo fue ocupado por otro tipo de ser vivo mucho más sencillo: las plantas. En la década de 1920, astrónomos del calibre de H. N. Russell —cuyo trabajo fue esencial a la hora de estudiar la evolución estelar—, H. Shapley —que determinó la posición del Sol en la galaxia— o Walter Adams —uno de los padres de la espectroscopía astronómica— estaban convencidos de que Marte podía estar cubierto de vegetación, al mismo tiempo que las detalladas observaciones realizadas desde los observatorios Lowell y Lick llevaron a la conclusión de que las zonas oscuras de la superficie probablemente eran producto de la vegetación. Esta idea se mantuvo prácticamente inalterada hasta después de la Segunda Guerra Mundial, a pesar de que las nuevas observaciones espectroscópicas revelan una presencia casi nula de oxígeno en la atmósfera de Marte. Al otro lado del telón de acero, los astrónomos soviéticos eran de la misma opinión; N. P. Barabashev llegaba a la misma conclusión tras treinta años de infatigable observación marciana: los cambios de color observados en su superficie se debían a la vegetación. De esta forma, la llegada de la era espacial estuvo marcada por la idea de que debía haber algún tipo de vida en el planeta rojo: lo que estaba en discusión era cuánta.

EL MAYOR EXPERIMENTO ASTROBIOLÓGICO HASTA EL MOMENTO

Con semejante bagaje no es de extrañar que las primeras misiones espaciales destinadas a explorar los planetas del sistema solar se dirigieran a Marte. Ni tampoco puede sorprender que las primeras fotografías de su superficie tomadas por la sonda *Mariner 4* en noviembre de 1964 fueran todo un jarro de agua fría. Pero como lo último que se pierde es la esperanza, los científicos que se aferraban a la idea de un Marte vivo descendieron un peldaño más cn el árbol de la vida: si a principios del siglo XX se pasó de seres inteligentes constructores de canales a plantas superiores, ahora tocaba bajar un poco más, al mundo de las bacterias y los seres unicelulares. No obstante, era necesario comprobarlo.

En 1968 nació el proyecto Viking, el momento cumbre de la búsqueda de vida en el sistema solar. La sonda *Mariner 7* había encontrado pruebas de que en el pasado el agua había corrido por la superficie marciana y la expectación por encontrar vida estaba disparada. El programa consistía en enviar dos naves gemelas que aterrizarían en 1976 en lugares separados por cinco mil kilómetros y llevarían a cabo el mayor experimento astrobiológico de la historia, pues, de hecho, todavía no ha sido superado: buscar indicios, por pequeños que fueran, de actividad biológica en la árida superficie del planeta rojo. Para ello realizarían un grupo de experimentos específicos (un experimento químico y tres biológicos), elegidos de entre 150 propuestas, cuyos resultados se completarían con otro experimento destinado a analizar la atmósfera en busca de gases de origen biológico en cantidades significativas. Todo por 930 millones de dólares de la época.

Los tres experimentos biológicos representaban una aproximación diferente al problema de la vida. El Labeled Release (LR) fue diseñado por Gilbert Levin de Biospherics, Inc., a partir de

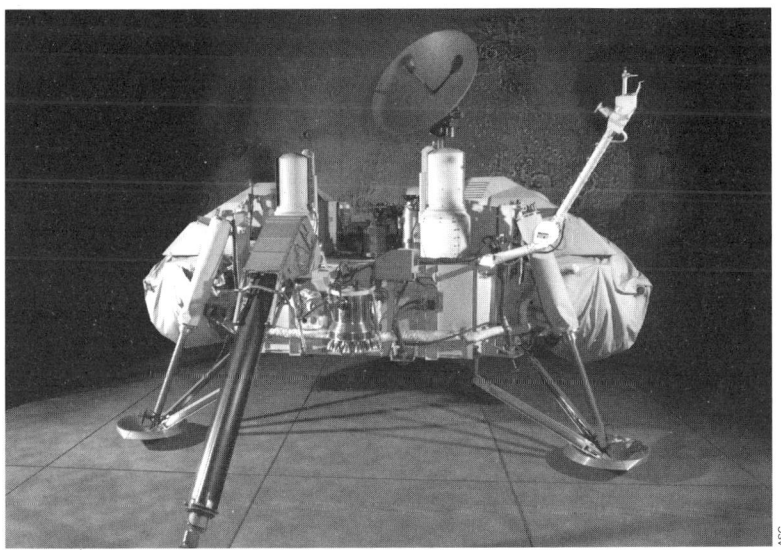

La *Viking 1* fue la primera nave espacial en efectuar un aterrizaje exitoso en Marte. Su lanzamiento tuvo lugar en 1975, y su última misión en el planeta rojo, en 1982.

un proyecto de investigación destinado a detectar contaminantes bacterianos en las conducciones de agua de las ciudades. Para realizar el experimento emplearía un nutriente marcado con carbono radiactivo y así descubrir si se producía algo parecido a la respiración o la fermentación. El Gas Exchange (GEX) de Vance Oyama, del Ames Research Center, tenía como objetivo buscar los subproductos de algún tipo de acción metabólica. Para ello partía de dos supuestos distintos: primero, comprobaría si se estimulaba de algún modo el metabolismo añadiendo unas pocas gotitas de agua y, en segundo lugar, comprobaría si sucedía algo similar usando un nutriente que los científicos bautizaron con el nombre de «sopa de pollo». En ambos casos se analizarían los gases en busca de oxígeno, anhídrido carbónico, metano y nitrógeno. Finalmente, el Pyrolitic Release (PR), diseñado por Norman Horowitz del CalTech, inyectaría anhídrido carbónico y monóxido de carbono a muestras del suelo marciano para observar si los microorganismos podían convertir estos gases en sustancia orgánica mediante algún tipo de fotosíntesis. Estas tres pruebas representaban la aplicación práctica de lo que se sabía de la vida en aquel momento; sin embargo, no eran perfectos. Por ejemplo, Horowitz decía que tanto el experimento de Oyama como el de Levin estaban viciados por dejar caer nutrientes en el suelo marciano; los microbios, si existían, vivían en un entorno sin apenas agua, por lo que podían ahogarse literalmente en la comida que las naves *Viking* se disponían a proporcionarles. Otros apuntaban más lejos y argumentaban —con razón— que sin conocer la química del suelo de Marte no teníamos ni idea de cómo podría ser la vida allí: el suelo tal vez estuviera lleno de microbios que no reaccionaran a los experimentos.

En el último momento, justo antes de que todo fuera aprobado, Carl Sagan pidió incluir un último experimento. Su argumento fue el siguiente: vamos a mandar un sofisticado conjunto de instrumentos que tomarán muestras del suelo y las analizarán en busca de algún tipo de microbio. Ahora bien, ¿las futuras generaciones no pensarán que somos tontos si, mientras nos dedicamos a analizar muestras del suelo, un grupo de marcianos verdes con tres brazos y dos cabezas nos observa desde los alrededores de la nave y se pregunta qué demonios estamos haciendo ahí? Sagan sugirió colocar una cámara a bordo para poder echar un vistazo a los alrededores y comprobar si, por casualidad, alguna criatura andaba por allí dando una vuelta. Las risas fueron atronadoras, pero al final se aceptó su propuesta: a nadie se le había ocurrido que sería interesante observar el lugar donde las *Viking* se iban a posar. Curiosamente, el «experimento» de Sagan era el que menos presuposiciones hacía sobre cómo sería la vida en Marte: bastaba con sentarse a mirar.

¿HAY ALGUIEN AHÍ?

La *Viking 1* amartizó el 20 de julio de 1976. Al octavo día marciano, el recolector de la sonda espacial recogía las primeras muestras del suelo para su análisis. Ahora solo había que esperar a que los tres instrumentos hicieran su trabajo. Pero el planeta no pondría las cosas fáciles y muy pronto los científicos descubrieron que la solución no era ni blanca ni negra, sino que había toda una gama de grises.

Dos días más tarde, el instrumento de Oyama (GEX) registró un pico de oxígeno quince veces superior a la cantidad presente en la atmósfera marciana; un resultado a primera vista fantástico. Al día siguiente, el de Levin (LR) también dio positivo; los datos sorprendieron a los científicos, pues la emisión de CO_2 había sido mucho más intensa y rápida que en las pruebas realizadas con muestras de la Tierra. Ahora había que esperar tres días para obtener los primeros datos del PR de Horowitz, pues necesitaba un tiempo de incubación de cinco días; el análisis también fue positivo.

Los tres experimentos habían encontrado lo que esperaban encontrar si hubiera vida en Marte. No obstante, los científicos estaban pasmados: los resultados eran *demasiado* positivos y habían llegado demasiado pronto. Y lo peor es que el análisis químico del suelo decía que no había ni rastro de moléculas orgánicas: era totalmente estéril. Tan solo tenían una cosa clara: «Los tres experimentos indican que la superficie marciana es química y bioquímicamente activa». Lo que estaban afirmando

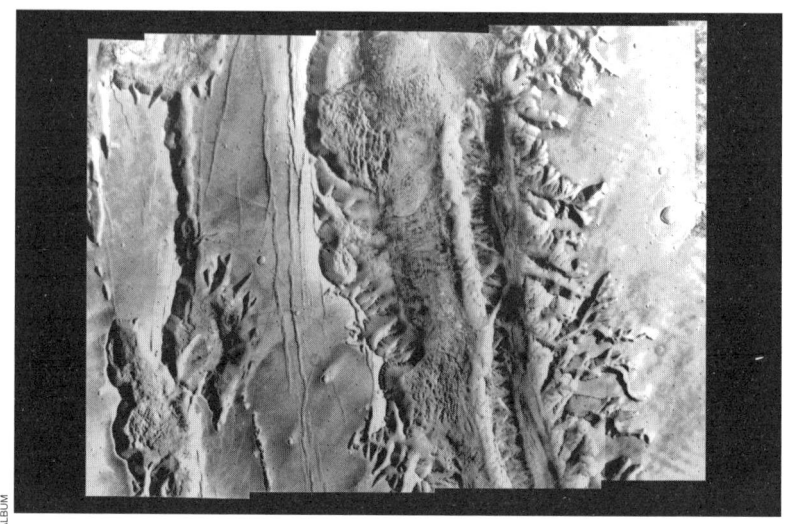

ALBUM

La superficie del planeta rojo muestra llanuras, regiones montañosas y fuertes depresiones. En esta imagen de la *Viking 1*, vemos concretamente el Valles Marineris (descubrimiento en 1971), un gigantesco sistema de cañones que recorre el ecuador de Marte. Tal vez estos fueran los *canali* que observó Secchi en el año 1862.

sin decirlo es que parecía como si hubiera algo vivo allá arriba, pero, cuantos más datos obtenían, menos concluyentes eran los resultados. Desde luego, si había microorganismos marcianos, parecían jugar al gato y al ratón con los terrícolas.

El 31 de julio el equipo celebró una conferencia de prensa para contarle al mundo lo que estaba sucediendo en la *Viking 1*, algo bastante difícil porque nadie sabía realmente lo que estaba pasando. Para Klein, los resultados obtenidos apuntaban a que sí había actividad biológica: «La biología de Marte está más desarrollada y es más intensa que la vida en la Tierra». Oyama miró nuevamente sus datos y concluyó que Marte tenía «un material superficial activo que imitaba la vida». Horowitz hizo su apuesta: «Los datos posiblemente son de origen biológico». En definitiva, era necesario repetir los experimentos, pero lo único que consiguieron fue enmarañarlo aún más. Las dos naves ofrecían los mismos datos: ni rastro de moléculas orgánicas pero resultados positivos en los tres experimentos biológicos. Diez semanas más tarde, en las revistas *Science* y *Nature*, los tres científicos responsables de cada uno de los experimentos desvelaban sus análisis con más detalle: con estos datos en la mano «no se podía llegar a ninguna conclusión sobre la existencia de vida en Marte».

Tras ocho meses y medio y 26 experimentos llegaron las primeras conclusiones firmes: PR había dado resultados positivos, los de LR eran ambiguos y el GEX no mostró pruebas de actividad biológica. La confusión era tal que Levin, Horowitz y Oyama no alcanzaron un consenso: mientras que Horowitz, el creador del único experimento que dio resultados netamente positivos, afirmó que «podían interpretarse como no biológicos», Levin no dejó de defender que la interpretación biológica era la más plausible. Al final, el proverbial conservadurismo científico se impuso a la opinión de Levin, que, hasta su muerte en 2021, continuó afirmando que los resultados del LR demostraban la existencia de vida en Marte.

Quizá lo más sensato hubiese sido decir que no se podía llegar a ninguna conclusión definitiva, pero ¿cómo explicar ante la ciudadanía que, tras invertir casi mil millones de dólares en buscar vida en Marte, aún seguían sin tenerlo claro? Y eso teniendo en cuenta que, antes del lanzamiento, los científicos de la NASA habían acordado que, si se obtenía un único resultado positivo en cualquiera de los tres experimentos, significaba que se había encontrado vida. Visto lo visto, lo que les faltó definir con precisión era lo que entendían como «resultado positivo».

Así que al final Harold Klein, el jefe de los experimentos biológicos, anunció al mundo que Marte era un planeta sin vida y le pidió a Levin, que no estaba de acuerdo, que se mantuviera callado. Por contra, el director de misión, Jim Martin, le espetó: «¡Maldita sea, Gil! ¿Por qué no te levantas y dices que has detectado vida?». Quizá quien mejor sintetizó todo este embrollo fue el periodista especializado en astronomía Leonard David: «Las *Viking* fueron a Marte y le preguntaron si había vida, a lo que Marte respondió: ¿podrían reformular la pregunta?».

Las *Viking* pasaron a dormir el sueño de los olvidados hasta que el 7 de agosto de 1996 algo sucedió: la NASA anunció a bombo y platillo que, en un meteorito marciano recuperado en la Antártida, un equipo de científicos, liderado por David McKay, Kathie Thomas-Keptra y Everett Gibson, había encontrado indicios de la existencia de vida primitiva en Marte (véase el artículo *Vinieron del espacio exterior*). Sin embargo, la comunidad científica recibió con reticencia esos análisis y poco tiempo faltó para que los escépticos invocaran explicaciones abiogénicas a esos resultados. De hecho, la síntesis abiótica de moléculas orgánicas ha formado parte de la geoquímica marciana durante un largo periodo de la historia del planeta rojo. Pero McKay y los suyos no están dispuestos a arrojar la toalla y el debate continúa.

Como efecto colateral de esta batalla por la vida marciana, el fantasma de las *Viking* reapareció: las críticas a las conclusiones de la NASA sobre los famosos experimentos fueron arreciando hasta el punto de que astrobiólogos como Dirk Schulze-Makuch afirman a voz en grito que realmente se ha encontrado vida en Marte. «Dados los resultados ambiguos de los experimentos biológicos, el GCMS (un instrumento que analizó el suelo marciano en busca de compuestos orgánicos) asumió el papel de una corte de apelación», afirma este astrobiólogo de la Universidad Estatal de Washington. Era la prueba del nueve de las *Viking*: si alguna vez hubo vida en Marte, sus restos debían estar por allí, pero no se encontró resto alguno. *No organics; no life* fue el mantra que se repitió una y otra vez.

En 2006 un equipo dirigido por el mexicano Rafael Navarro-González disparó por elevación al corazón mismo de la prueba, poniendo en entredicho la supuesta alta sensibilidad del GCMS: él y su equipo demostraron que en realidad era varios órdenes de magnitud más baja de lo que se pensaba. Las críticas sobre su supuesta excelencia han ido creciendo desde que ese mismo instrumento declaró estéril una muestra recogida en la Antártida cuando análisis posteriores demostraron la presencia de materia orgánica. Hasta se ha insinuado la posibilidad de que el GCMS jamás analizara muestras del suelo marciano: no hay forma de estar seguros de que, efectivamente, se depositaran muestras en el *porta* del instrumento; ni tan siquiera se pudo observar la eliminación de las muestras tras los análisis porque el lugar por donde se purgaba quedaba oculto tras el brazo recoge-muestras: la única «prueba» que tenemos de que se hiciera algún análisis es que se detectó dióxido de carbono y vapor de agua, pero ambos compuestos también se encuentran en la atmósfera marciana…

Los demás experimentos tampoco han acabado bien parados. El PR, basado en las técnicas de laboratorio utilizadas para aislar bacterias, fue probado en 1972 con muestras en los Valles Secos de la Antártida donde no encontró microbio alguno. Sin embargo, ese mismo año, el microbiólogo Wolf Vishniac, responsable de otro de los experimentos finalistas (la trampa de Wolf), que al final no voló en las *Viking* por cuestiones de presupuesto, aisló colonias de microbios ¡en el mismo lugar donde se probó el instrumento PR! La explicación de Vishniac —que murió en la Antártida poco después al dar un mal paso en las montañas Asgard— era que usar un entorno rico en nutrientes había matado a unos microbios adaptados a unas condiciones alimentarias tan escasas: podríamos decir que murieron de un atracón. «Las muestras contenían vida pero fue envenenada por la comida usada en el equipo diseñado para detectarla», comentan con ironía los científicos Dirk Schulze-Makuch y David Darling.

El GEX también se probó en la Tierra con muestras de la Antártida, el desierto del Gobi y Alaska. La mayoría de ellas dieron positivo a microbios, tanto aeróbicos como anaeróbicos, pero unas pocas ofrecieron un resultado negativo: las de Geyserville (de la región del mismo nombre en California) y la Antártida 500. Curiosamente investigaciones posteriores han revelado que esas muestras sí contenían vida, aunque no del tipo que se conocía en 1970. En particular, en la de Geyserville había microbios termoacidófilos, capaces de sobrevivir en ácido y a temperaturas de más de 60 °C, y en la de Antártida 500, otros capaces de soportar temperaturas muy por debajo de cero. ¿Cómo pudieron pasar inadvertidos? Porque los experimentos de las *Viking* se diseñaron para buscar vida tal y como se conocía en los años 60 y 70. No fue hasta principios de los 80 cuando se descubrió un tipo de microorganismos —de hecho, todo un dominio— capaz de vivir en las condiciones más extremas y en los entornos menos amables: los extremófilos.

UNA SOLUCIÓN OXIGENADA

¿Y qué decir del resultado más prometedor del LR, la oxidación de la sopa de nutrientes a dióxido de carbono? Convencidos de que todo tenía un origen químico y no biológico, los científicos de la NASA se lanzaron a buscar el misterioso oxidante que diera cuenta de ello. Y encontraron uno, el peróxido de hidrógeno, más conocido por el común de los mortales como agua oxigenada. Pero lo que no fueron capaces de explicar es cómo podía mantenerse estable en el medio ambiente marciano —y sometido a una intensa radiación ultravioleta— en cantidad suficiente para producir los datos medidos por LR; algo lo debía proteger. Así se formuló el paradigma explicativo de los experimentos de las *Viking*: compuestos altamente oxidantes nacidos de la interacción de la radiación ultravioleta y el suelo marciano.

La carta del peróxido de hidrógeno trajo una nueva vuelta de tuerca. En 2004 el alemán Joop Houtkooper presentó cómo podía ser la vida en Marte a la luz de los resultados de las *Viking*. Según él, en un ambiente tan árido como el marciano, los microbios no utilizarían agua en sus células sino una mezcla de

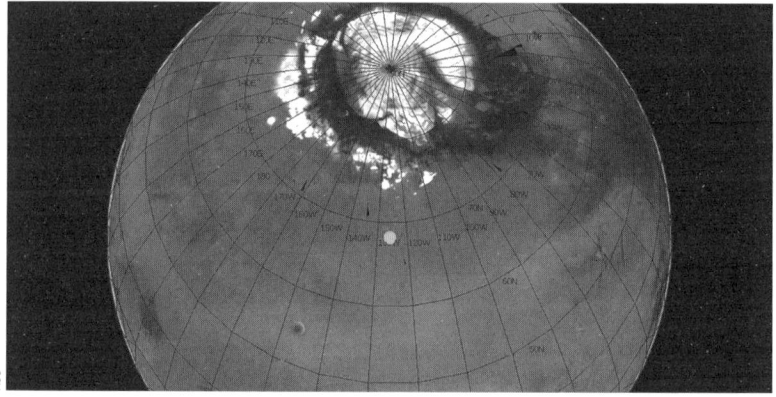

El punto sobre el mapa marciano de arriba señala el lugar de amartizaje de la *Phoenix*. Esta región del planeta rojo, de escasa profundidad, es conocida por el nombre de Green Valley.

esta con peróxido de hidrógeno. A pesar de ser un potente reactivo, se puede generar y almacenar biológicamente; una prueba viviente de ello es el escarabajo bombardero, que es capaz de fabricar una solución de agua oxigenada al 25 % y usarla como arma defensiva contra cualquier amenaza.

Una mezcla de agua y peróxido de hidrógeno ofrecería una ventaja evolutiva para la vida en un ambiente tan frío y seco como Marte. Primero porque no se congela hasta los 59 bajo cero (dependiendo de la concentración) y, cuando lo hace, no forma peligrosos cristales como el agua, que destruyen la célula. Por si fuera poco, el peróxido de hidrógeno es higroscópico, con lo que es capaz de atraer el poco vapor de agua que haya en la atmósfera. Finalmente se degrada liberando oxígeno, necesario para la actividad celular. Según Houtkooper, una bioquímica basada en el peróxido de hidrógeno explicaría tanto los datos de los experimentos biológicos de las *Viking* como el resultado negativo del GCMS. En este último, al calentar el suelo marciano a varios cientos de grados, se exterminó a los microorganismos presentes liberando el peróxido de hidrógeno que contenían. Este reaccionó con la materia orgánica destruyéndola y liberando CO_2, que es justamente lo que se observó. Es más, el misterioso resultado del GEX, que midió una gran cantidad de oxígeno, también quedaría resuelto: al morir los microorganismos, el ambiente marciano descompondría el peróxido de hidrógeno en oxígeno más agua.

EN REALIDAD NO SABEMOS QUÉ ESTAMOS BUSCANDO

Tan bonita y bien hilvanada hipótesis quedó emborronada cuando la sonda *Phoenix* aterrizó en Marte en mayo de 2008. Uno de sus objetivos era encontrar compuestos orgánicos y de este modo acallar (o dar la razón) a las sospechas sobre los resultados de GCMS. A pesar de descubrir que el suelo marciano cerca de las zonas polares es alcalino en lugar de ácido, lo que era una buena noticia para los astrobiólogos («es un buen suelo para cultivar espárragos», afirmó uno de ellos), el análisis del suelo descubrió un estupendo candidato a convertirse en el oxidante responsable de los resultados de las *Viking*: los percloratos, unos compuestos altamente reactivos cuando alcanzan temperaturas por encima de los 200 °C —esto es, las condiciones del experimento LR de las *Viking* y del *Phoenix*— y, por desgracia, no casan muy bien con un entorno orgánico. ¿Fueron estos compuestos los que provocaron un falso positivo? Esta es la hipótesis más aceptada, aunque algunos astrobiólogos no dan su brazo a torcer.

En 2010, Navarro-González y Christopher McKay reanalizaron los experimentos de las *Viking* a la luz de esta nueva información y llegaron a la conclusión de que la presencia del perclorato habría destruido todo compuesto orgánico produciendo clorometano y diclorometano: los mismos compuestos detectados por las *Viking* cuando realizaron estas pruebas en Marte. En 2016, el que fuera responsable del experimento LR, Gilbert Levin, publicaba en colaboración con la bióloga Patricia Ann Straat un artículo en la revista *Astrobiology* donde defendía que las pruebas experimentales de las *Viking* apuntan a que sobre la superficie del planeta rojo existen microorganismos que han sido capaces de sobrevivir en las duras condiciones del medioambiente marciano.

Y así están las cosas: la cuestión sigue abierta y no son pocos los científicos que están (relativamente) seguros de que allí hubo —y quizá haya— vida. El dilema no es de fácil solución. Lo único que podemos sacar en claro de toda esta polémica es que no sabemos muy bien cómo buscar vida en entornos diferentes a la Tierra. Por una razón muy simple: no sabemos lo que hay que buscar. Nuestra única referencia es la vida que hay a nuestro alrededor, pero ¿quién nos asegura que la vida extraterrestre tenga que parecerse a la nuestra? Nos encontramos en la misma situación que en 1964, cuando Thomas Brock descubrió que había bacterias que sobrevivían en los manantiales de Yellowstone, donde la temperatura alcanza los 82 °C. Siempre habían estado ahí, pero nadie las había buscado porque se pensaba que nada sería capaz de sobrevivir en esas condiciones. Es lo que la NASA llama los desconocidos, aquello que no conocemos porque desconocemos lo que sucede.

Vinieron del espacio exterior

SHUTTERSTOCK

El meteorito de Tunguska atravesó el cielo si-
beriano el 30 de junio de 1908 y en su recorrido devastó más de 80 millones de árboles,
provocando el pánico. El fenómeno continúa
siendo un misterio, pues el aerolito desapareció sin dejar rastro y nunca se halló el cráter.

En la tarde del 14 de mayo de 1864, la ciudad del sur de Francia St. Car se vio iluminada por una brillante bola de fuego blanco azulada. Durante bastantes minutos se escucharon como cañonazos, y más de veinte fragmentos de color oscuro, algunos con un peso de más de dos kilos, dejaron sembrado un camino de dieciocho kilómetros entre los pueblos de Orgueil y Nohic, en el Mediodía francés. Se dice que uno de ellos cayó en el sobrado de una casa y quemó la mano del granjero que se atrevió a cogerlo.

Existen dos clases de meteoritos: los sideritos, que son puro metal —mayormente hierro y níquel—, y los rocosos, que se dividen en dos grupos: las condritas (porque presentan unas diminutas esferas, llamadas cóndrulos, compuestas de diferentes minerales) y las acondritas, similares a las rocas volcánicas de la Tierra. El meteorito de Orgueil pertenecía al subgrupo más escaso de las condritas, las condritas carbonáceas (ricas en carbono), y fue, hasta 1950, el más grande conocido de su tipo.

Los científicos empezaron a analizarlo al poco tiempo de su recogida. Un estudio publicado aquel mismo año afirmó haber encontrado materiales «análogos a aquellos que forman parte de bastantes variedades de turbas y lignitos», sustancias que se producen por la descomposición de materia vegetal en la Tierra. Años después, otro análisis afirmó que el meteorito contenía «sustancias comparables a los aceites del petróleo». Toda una

Ilustración extraída del anuario de 1865 de De la Drôme (en el que el político francés aficionado a la meteorología describía sus predicciones) en la que se representa el famoso bólido de Orgueil.

revelación, pues en el siglo XIX se creía que esas sustancias eran producidas por organismos vivos.

El asunto se puso más candente cuando, en 1880, Otto Hahn, un abogado y geólogo aficionado, preparó unas delgadas láminas de diferentes meteoritos y las observó al microscopio. En ellas encontró fósiles diminutos de corales y esponjas. Un zoólogo alemán, D. F. Wienland, impresionado por el descubrimiento, al contemplar las ilustraciones de Hahn, declaró: «Podemos ver con nuestros propios ojos los restos de seres vivos de otro cuerpo celestial». Pero los meteoritos escogidos por Hahn no eran condritas carbonáceas, esto es, no eran ricos en carbono. Sus afirmaciones tuvieron respuesta en forma de una granizada de contraexplicaciones y, además, hubo quien describió al pobre Hahn como un individuo cuya «imaginación se ha vuelto loca junto con él».

La «vida meteorítica» durmió el sueño de los justos hasta 1932, cuando el biólogo Charles B. Lipman afirmó haber encontrado bacterias en el interior de las fisuras de algunas condritas, pero, además, ¡no estaban muertas, sino vivas! Eran muy parecidas a las terrestres, algunas de forma alargada y otras esférica. Pocos confiaron en las afirmaciones de Lipman; seguramente sus muestras se habían contaminado con bacterias terrestres como así demostró tres años más tarde una serie de elegantes experimentos. El caso de las bacterias meteoríticas quedó cerrado.

Pero no por mucho tiempo. Con el auge del programa espacial renació el interés por el espacio exterior mientras que se iban acumulando las pruebas observacionales de síntesis orgánica en el espacio. Entre ellas, la más importante fue el descubrimiento realizado por Melvin Calvin, que recibió el Premio Nobel por determinar la forma en que las plantas fijan el carbono a partir del CO_2. En 1960 el Instituto Smithsoniano le cedió un fragmento de condrita carbonácea que había caído cerca de Murray, Kentucky, en 1950, en el que Calvin encontró «la presencia de moléculas orgánicas complejas, algunas de ellas aparentemente inútiles en el proceso de la vida». Entre esas moléculas había una químicamente similar a la citosina, una de las cuatro bases del ADN. ¿Sería posible que la famosa sopa primordial de Oparin y Haldane llegara como el maná, llovido del cielo?

Mientras, el 16 de marzo de 1961, durante el congreso anual de la Academia de Ciencias de Nueva York, el equipo formado por los químicos Bartholomew Nagy y Douglas Hennessy de la Universidad Fordham, junto con Warren Meinschein, químico de la compañía petrolera Esso, presentó su análisis del meteorito de Orgueil: contenía sustancias químicas propias del petróleo, incluso se encontró una que se parecía enormemente a la del colesterol. Los investigadores estaban convencidos de que esos componentes no estaban ahí por culpa de una contaminación, puesto que su abundancia era mucho mayor en el meteorito que en el suelo terrestre y, por tanto, interpretaron sus resultados como biomarcadores de vida: «Existen seres vivos en regiones del universo más allá de la Tierra». Meinschein calculó la probabilidad de que hubieran aparecido por procesos no biológicos: le salió una en mil millones.

El debate se puso aún más calentito cuando, en noviembre de 1961, Nagy y el microbiólogo George Claus volvieron a acaparar la primeras páginas de los periódicos al afirmar en la revista *Nature* que en dos muestras de meteoritos, el de Orgueil y el de Ivuna (caído en 1938 en Tanzania), habían encontrado cinco tipos de «elementos organizados» parecidos a formas de vida terrestres, estructuras que identificaron como posibles restos de organismos «similares a algas fósiles».

Por aquel entonces, Fred Sisler, del Servicio Geológico de Estados Unidos, había pedido una muestra de la condrita carbonácea caída en Murray el 20 de septiembre de 1950 al Museo Smithsoniano. Cuando un periodista, siguiendo la historia de Nagy, le preguntó si estaba buscando restos de bacterias de origen extraterrestre, Sisler le contestó: «No, me refiero a microorganismos vivos». Lo que tenía en su laboratorio era una placa de petri sobre la que un grupo de «cosas» que había extraído del interior del meteorito no dejaba de moverse. Con la ayuda de Walter Newton, que trabajaba en un laboratorio completamente estéril en el Instituto Nacional de Salud, Sisler había extraído un trozo de la muestra y la había puesto en un caldo de cultivo. A los pocos meses la solución se volvió turbia, lo que indicaba que algo había crecido allí. Observando una muestra en el microscopio, descubrió «cosas» similares a bacterias. Al revés que Nagy, Sisler nunca publicó nada sobre su investigación, posiblemente porque pensó que el meteori-

Izquierda: fragmento del meteorito de Orgueil expuesto en el Museo Nacional de Historia Natural de Francia. Derecha: meteorito de Murchinson que cayó a la Tierra en el año 1969 y en el que se hallaron aminoácidos racémicos.

to llegó ya contaminado desde Washington. Una idea que se apoyaba en que a algunos de esos «microbios» les gustaba el oxígeno, un gas que solo existe en forma libre en la atmósfera de nuestro planeta.

El trabajo de Nagy era demasiado atrevido para que la comunicad científica se lo tragara. Un artículo publicado en *Nature* al año siguiente por un equipo de la Universidad de Chicago fue especialmente demoledor: «Aunque el trabajo de Claus y Nagy ha sido hecho con más cuidado y competencia que el de Hahn, la decisión de si ciertas formas son de origen biológico o inorgánico es bastante subjetiva». Después de años de polémica, en 1975, Nagy publicó un libro en el que revisaba todo lo que se sabía de las condritas carbonáceas y concluía que resultaba bastante improbable que se hubieran descubierto formas de vida alienígena en ellas. Telón.

El principal problema del meteorito de Orgueil, al igual que el de cualquier otro fragmento de bólido en el que busquemos trazas de vida, es la contaminación por organismos terrestres. Nuestro planeta es una bañera de compuestos orgánicos, por lo que era muy probable que, después de más de un siglo y teniendo en cuenta las deficientes condiciones de conservación de la época, el meteorito estuviera contaminado (como se demostró décadas más tarde). Por suerte, siete años después el sistema solar nos entregaba un nuevo meteorito con el que jugar.

TANTO DE DERECHAS COMO DE IZQUIERDAS

Un domingo por la mañana, concretamente el 28 de septiembre de 1969, una brillante bola de fuego cruzaba el cielo de Victoria, en Australia, seguida por una fuerte explosión. Los fragmentos cubrieron una elipse de dieciséis kilómetros de largo cerca de la ciudad de Murchinson. Se recolectaron más de ochenta kilos de material meteorítico, muchos de los cuales fueron recogidos casi inmediatamente después del impacto, lo que minimizó la posibilidad de contaminación.

Los primeros análisis del meteorito de Murchinson realizados en el Ames Research Center de la NASA hallaron 74 aminoácidos: ocho se usan en la construcción de las proteínas terrestres, pero los otros 55 no cumplen ninguna función en nuestra biología. Lo más llamativo es que el meteorito de Murchinson mostraba que los aminoácidos encontrados no presentaban la peculiar propiedad de la quiralidad que tienen los de la Tierra. Los que usan nuestras células para montar las proteínas son completamente «zurdos», pero, en el meteorito de Murchinson, la mezcla era racémica: los había tanto de derechas como de izquierdas.

Entonces Nagy volvió a la carga y, junto con su colega Michael Engel, encontró un pequeño exceso de izquierdas en el grupo de aminoácidos del Murchinson que tienen una función biológica. Viendo lo que había sucedido con el de Orgueil, no dijeron que esto constituyera una prueba de vida extraterrestre. Engel continuó estudiando las muestras durante década y media y finalmente pudo demostrar que el resultado era real y no causado por una contaminación fortuita. Casi al mismo tiempo, John Cronin y su equipo obtenían un resultado similar analizando los aminoácidos no biológicos: algo tenía que haber sucedido para que se produjera esa pequeña diferencia, pero ¿qué?

William Bonner y Edward Rubinstein propusieron una explicación que parecía de ciencia ficción. Nuestro sistema solar había pasado por los alrededores de una estrella de neutrones y esto había provocado ese inexplicable exceso de aminoácidos de izquierdas. Otros científicos se subieron al carro y dijeron que no hacía falta una estrella de neutrones para ocasionar ese fenómeno, sino que bastaba con la dispersión de la radiación producida por los granos de polvo durante la formación del sistema solar.

LAS BACTERIAS EXTRATERRESTRES VIAJAN EN BÓLIDO

Pero el año de referencia de la búsqueda de vida en meteoritos es 1996, cuando en agosto la NASA anunciaba haber descubierto indicios de vida en un meteorito de origen marciano recogido en la Antártida en 1984. El administrador de la NASA, Daniel Goldin, comenzó así la rueda de prensa: «La NASA ha hecho un descubrimiento importante». El presidente Clinton comentó entonces: «Hoy la roca ALH 84001 nos habla, a través de miles de millones de años y millones de millas, de la posibilidad de vida». Ante estas palabras, su vicepresidente, Al Gore, asentía entusiasmado. La alegría de la comunidad científica era indescriptible. Un editorial de la revista *Nature* a la semana del anuncio decía: «La comunidad de ciencias del espacio ha disfrutado de una de las mejores semanas imaginables».

Cuatro fueron las pruebas aportadas: unos diminutos glóbulos de carbonato similares a los que dejan las bacterias terrestres, unos compuestos orgánicos llamados hidrocarburos policíclicos aromáticos, que se producen en procesos biológicos tales como la respiración, la fotosíntesis o la descomposición, unos aglomerados de magnetita con forma de lágrima muy parecidos a los que dejan las bacterias terrestres y unas estructuras alargadas que parecían fósiles de bacterias. En las conclusiones del artículo publicado en *Science*, los autores señalaban que «aunque ninguna de estas observaciones en sí misma es una prueba definitiva de vida pasada…, consideradas de forma conjunta, concluimos que

Sobre estas líneas, fotografía del meteorito ALH 84001 (Allan Hills 84001). Procedente de Marte y encontrado en la Antártida en 1984, provocó una tremenda expectación por la idea de que contuviera evidencias de la existencia de vida en el pasado del planeta rojo.

son la prueba de una vida primitiva en un Marte joven». Pero, como manda la historia, sus colegas no iban a ponérselo fácil.

Durante los meses siguientes los críticos empezaron a lanzar sus andanadas de objeciones: los carbonatos podían haberse formado a altas temperaturas, procesos inorgánicos podían dar cuenta fácilmente del resto de los compuestos, los hidrocarburos tal vez fueran fruto de la contaminación antártica y, respecto a los microfósiles…, eso ya lo habíamos visto antes. El meteorólogo de la Universidad de Chicago Edward Anders, un crítico feroz de los resultados de Nagy sobre el meteorito Orgueil, declaró: «En el meteorito Orgueil eran malos datos y mala interpretación. Ahora tenemos buenos datos y mala interpretación». El editor de *Meteorics and Planetary Science*, Derek Sears, añadió: «Estos argumentos son poco fiables y simplistas». Finalmente, en 2022, un artículo publicado en *Science* por un equipo de la Carnegie Institution for Science concluyó que las moléculas orgánicas encontradas en el meteorito no eran signos de vida, sino que se formaron en una serie de reacciones químicas entre el agua y la roca hace unos cuatro mil millones de años.

El anuncio del meteorito ALH 84001 disparó las afirmaciones espectaculares. En 1997, durante un congreso en San Diego, uno de los organizadores afirmó haber encontrado en el Murchinson estructuras con forma de hongo con tallos y esferas que parecían esporas. Pero los parecidos no demuestran otra cosa que posibles pareidolias: vemos caras en las nubes pero no hay caras en las nubes.

Ahora bien, estos resultados no invalidan la idea de que las bacterias puedan viajar a bordo de meteoritos. Por diferentes experimentos sabemos que diversos microorganismos son capaces de sobrevivir en condiciones tan extremas como las del espacio. Por otro lado, algunos indicios apuntan a que la Tierra y Marte tuvieron climas similares hace cuatro mil millones de años, ¿no podría haberse infectado nuestra biosfera con microbios marcianos, o viceversa? Esto es lo que defendía Henry J. Melosh, uno de los gigantes de las ciencias planetarias y el autor de *Impact Cratering: a Geologic Process*, un libro que, aunque publicado en 1989, es referencia obligada en este tema. En 1988,

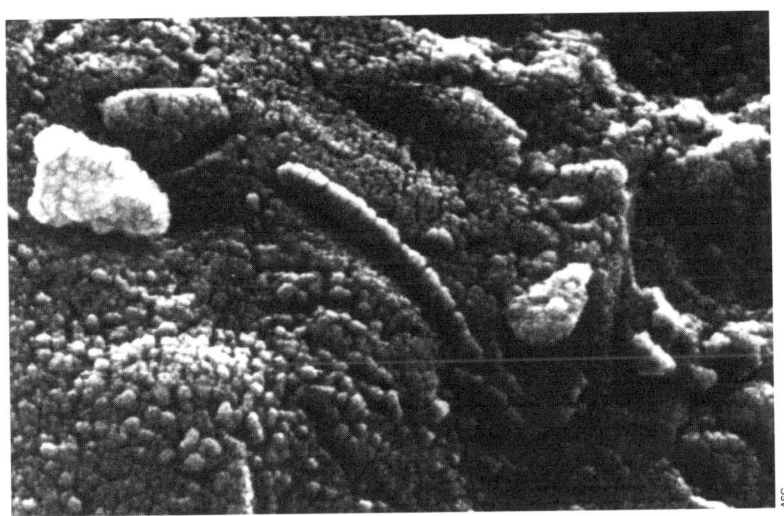

Detalle al microscopio de la estructura interna del meteorito ALH 84001. Según investigadores de la NASA, las formas alargadas que se ven serían similares a los fósiles de algunas bacterias.

Melosh escribía en la revista *Nature*: «no debemos pensar que los planetas del sistema solar están biológicamente aislados: de vez en cuando grandes impactos pueden inocular a Marte y a otros planetas del sistema solar interior una muestra de vida terrestre».

La búsqueda no cesa. En 2024, el equipo de Yasuhiro Oba, profesor de la Universidad Hokkaido, en Japón, publicaba en la revista *Geochimica et Cosmochimica Acta* los resultados del análisis de tres condritas carbonáceas: los bien conocidos Murchison y Murray, y Tagish Lake, que cayó en Canadá en el año 2000. Además de encontrar compuestos detectados en otros meteoritos, como la guanina, la adenina y el uracilo, los autores identificaron por primera vez varias bases de pirimidina (citosina y timina) en niveles de concentración de unas partes por billón, es decir, similares a las predichas por los experimentos que replican las condiciones que existían antes de la formación del sistema solar. Para estos científicos, sus hallazgos sugieren que tales compuestos podrían haberse generado por reacciones fotoquímicas en el medio interestelar y, embarcados en asteroides cuando se formó el sistema solar, llegaron a la Tierra en forma de meteoritos.

Recordemos que nuestro planeta vivió un intenso bombardeo de asteroides y cometas hace unos cuatro mil millones de años (hay quien defiende que entre el 30 y el 50 % del agua que bebemos es de origen cometario). Es tentador pensar que los compuestos orgánicos con los que se edificó la vida vinieran a lomos de asteroides. ¿No resultaría irónico que seamos extranjeros en nuestro propio planeta?

Panspermia: No somos de este mundo

El astrofísico inglés Fred Hoyle sostuvo la teoría de que el espacio exterior ha influido e influye en la evolución de la vida en la Tierra a través de nuevos genes que viajan en cometas y meteoros. ¿Sería posible entonces que nuestro ADN tuviera un origen extraterrestre?

SHUTTERSTOCK

En noviembre de 2017 aparecía una noticia en los medios de comunicación: cosmonautas rusos habían encontrado bacterias en la Estación Espacial Internacional. Dicho así, realmente no significa nada, pues los astronautas conviven en la EEI con miles de especies bacterianas diferentes que forman un ecosistema muy parecido al que podemos encontrar en nuestras casas.

Lo que hizo de esta noticia algo reseñable es que esas bacterias se encontraron en el casco del módulo ruso durante un paseo por el exterior. Según el cosmonauta Anton Shkaplerov, «estaban ausentes durante el lanzamiento del módulo de la EEI» en 2000, luego… ¿cómo llegaron hasta allí?

No es raro que los medios insinuaran que podían ser extraterrestres, pero, según la agencia de noticias rusa TASS, las bacterias probablemente estaban en las tablets y en otros equipos de la tripulación y por eso acabaron en la EEI. Cómo salieron y se instalaron confortablemente en el casco del módulo ruso… eso ya es otra historia.

Lo relevante de este descubrimiento es que nos demuestra que la vida es muy robusta, hasta el punto de soportar durante años las durísimas condiciones del vacío espacial. Porque hay que ser muy resistente para vivir a una altitud de 435 kilómetros sobre la superficie de la Tierra y sometido a temperaturas que fluctúan de 121 °C (cuando te da el Sol) a -160 °C (en el lado en sombra).

Todos sabemos que el espacio es hostil a la vida. No solo por el efecto extremadamente deshidratante del vacío, sino por el más mortífero de la radiación cósmica y la radiación ultravioleta del Sol. En la década de 1990, y por primera vez en la historia, esporas de *Bacillus subtilis* se expusieron durante seis años en la misión LDEF (Long Duration Exposure Facility). Más del 70 % sobrevivió, lo que significa que, convenientemente protegida —por ejemplo, por las capas exteriores de las rocas en las que se encuentra—, la vida puede resistir en el espacio. Este resultado fue confirmado por una serie de experimentos realizados por el equipo de Gerda Horneck, del Centro Aeroespacial Alemán, en 1994, 1997 y 1999, en los que cincuenta millones de esporas estuvieron en el espacio de diez a quince días en distintas condiciones. Claro que estos periodos de tiempo no son nada comparados con los miles de millones de años que requiere, por ejemplo, la transferencia de vida entre Marte y la Tierra, y que solo puede darse si un trozo es lanzado al espacio por el impacto de un meteorito y acaba cayendo en el planeta vecino, como propuso en *Nature* H. Melosh en 1988.

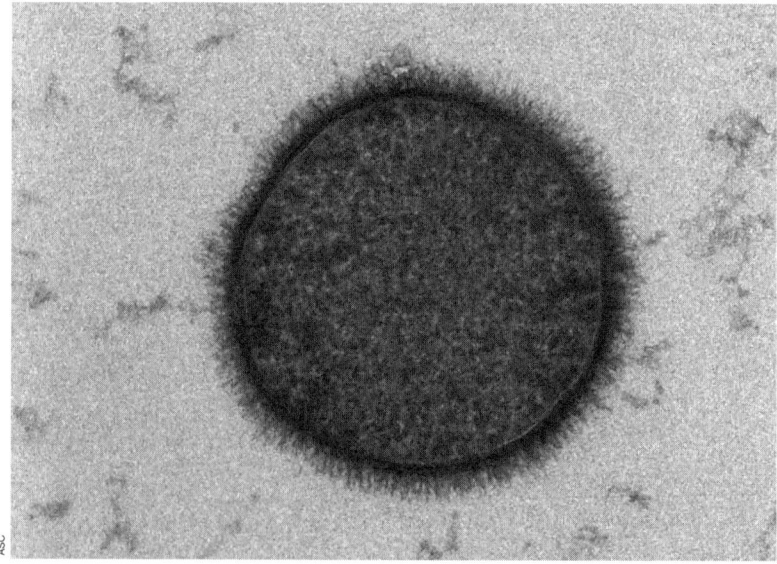

La bacteria *Bacillus subtilis* tiene la capacidad de crear una envoltura protectora que le permite sobrevivir en condiciones climáticas extremas.

EL POSIBLE ORIGEN EXTRATERRESTRE DE LA VIDA EN LA TIERRA

Para comprobar si la vida puede prosperar en el espacio o en las duras condiciones de algunos lugares del sistema solar, la Estación Espacial Internacional (IEE) cuenta con una *facility* destinada a estudiar el comportamiento de esporas bacterianas y otros microorganismos ante las inclemencias del espacio. Bautizada con el nombre de EXPOSE, está colocada en el exterior de la estación desde donde analiza el efecto del vacío y de la radiación, tanto ultravioleta como cósmica. Además, entre sus objetivos está comprobar experimentalmente la posibilidad de la panspermia, la transferencia de vida entre planetas. ¿Acaso pudo la vida en la Tierra haber llegado del espacio exterior?

Un sí rotundo a esta pregunta es lo que pudieron escuchar en 1871 los asistentes a una conferencia dictada en un congreso celebrado en Edimburgo: «Debemos ver como probable en grado sumo que hay incontables semillas viajando por el espacio a bordo de meteoritos». Estas palabras no se pronunciaron en una convención de ciencia ficción, sino en el congreso anual de la Asociación Británica para el Avance de la Ciencia, concretamente en el discurso inaugural dado por su presidente, sir William Thomson (que después sería nombrado lord Kelvin), uno de los físicos más famosos de finales del siglo XIX. Thomson tenía una notable capacidad para extraer aplicaciones técnicas a la física y, gracias a ella, conseguir amasar una pequeña fortuna. La primera, ganada con menos de veintidós años, se la pulió durante una breve estancia en París. Al poco tiempo le ofrecieron la cátedra de Filosofía Natural en la Universidad de Glasgow, donde dedicó su tiempo a investigar y ganar dinero en cantidades envidiables gracias a sus trabajos en el campo de la telegrafía.

En esta batalla Thomson no estaba solo. Otro de los grandes de la física de la época, el médico alemán Hermann von Helmholtz —que descubrió el principio de conservación de la energía mientras estudiaba el metabolismo de los músculos— afirmaba esencialmente lo mismo: «¿Quién puede decir si los cometas y meteoros… no pueden dispersar los gérmenes de la vida en cualquier nuevo mundo?». Por supuesto, y a pesar del peso específico de estos dos grandes de la ciencia, se alzaron voces en contra, sobre todo provenientes de la biología. Así, Joseph Dalton Hooker, director de los jardines de Kew, escribió a Darwin diciendo que «la noción de introducir la vida por medio de meteoritos es pasmosa y tremendamente antifilosófica. ¿Acaso Thomson supone que Dios insuflando la vida en los meteoritos es una idea más filosófica que hacerlo sobre la Tierra?».

La teoría de la panspermia y las semillas de la vida

Pero no fueron ni Thomson ni Helmholtz los padres de la idea de que el universo está plagado de bacterias y esporas viajando por el espacio. Esta hipótesis, que recibe el nombre de panspermia (que significa «semillas en todos lados» o «vida ubicua»), fue formulada por Jöns Jakob Berzelius en 1834. Este sueco hipocondríaco, amante de las mujeres y de la buena comida era profesor de Medicina y Farmacia en la Facultad de Medicina de Estocolmo (años más tarde convertida en el Instituto Karolinska). Gracias al dinero de su millonaria mujer disfrutó de los buenos placeres de la vida: viajar —ocasión que aprovechaba para mantener al día unos divertidos diarios donde describía con todo lujo de detalles las «formas femeninas» de los países que visitaba—, comer —un día llegó a zamparse un menú francés de cuarenta platos—, beber aguas minerales destinadas a curar sus enfermedades imaginarias, y usar su soplete para identificar elementos químicos en minerales previamente desmenuzados. Berzelius analizaba la composición de las colecciones de minerales de amigos y conocidos a cambio de comida y hospedaje —como hizo con la de Goethe—. Fue esta afición lo que hizo que en 1834 encontrara que ciertos meteoritos —aquellos con el formidable nombre de *condritas carbonáceas* y que te sonarán del artículo anterior— contenían compuestos de carbono. Esto para Berzelius hubiera sido indicativo de vida extraterrestres si no fuera por el trabajo de su estudiante Friedrich Wöhler, que recientemente había demostrado con la síntesis de la urea que se podían construir compuestos orgánicos mediante reacciones inorgánicas.

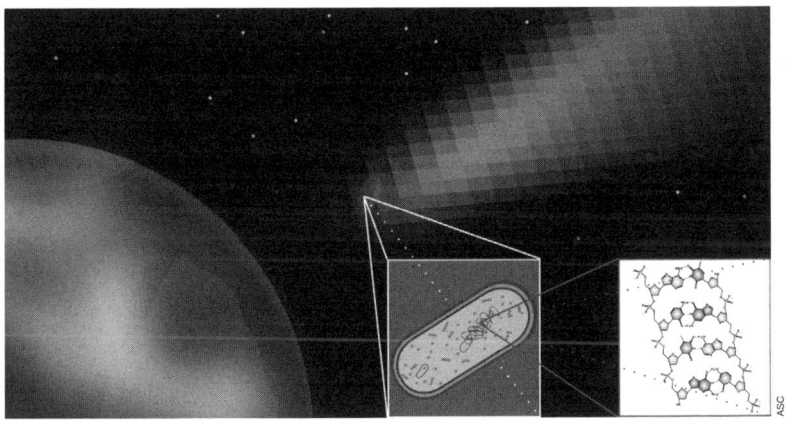

La teoría de la panspermia propone que el origen de la vida en la Tierra está en el espacio exterior: en forma de esporas, microorganismos o bacterias, se trasladaría en un cometa o un meteoro.

La propuesta de Berzelius hubiera caído en el olvido de un oscuro rincón de la ciencia si no hubiera sido por el astrónomo y divulgador francés Camille Flammarion, que la popularizó en su libro de 1864 *Sobre la pluralidad de los mundos habitados.*

Dos años más tarde, en 1866, Louis Pasteur ponía el último clavo a la tapa del ataúd de la teoría de la generación espontánea, pues sus famosos experimentos confirmaron que la vida solo se podía generar a partir de vida previa. En palabras del historiador de la ciencia Harmke Kamminga, esto hizo que algunos científicos sugirieran que la vida no surgió de la materia sino que más bien era eterna como la materia misma. Sobre todo, los físicos defendían esta idea, pues entendían que era una extensión obvia a las leyes de conservación de la materia y la energía, que implicaban, de una forma u otra, que el universo era eterno.

Thomson, por ejemplo, pensaba que «la materia muerta no pueda volver a la vida sino es bajo la influencia de materia que esté viva previamente. Esto me parece una enseñanza de la ciencia tan segura como la ley de la gravitación». La postura de Helmholtz era igualmente dualista, diferenciando entre materia viva e inanimada, y abogaba por la eternidad de la vida. Una postura curiosa, pues el alemán había sido uno de los precursores del antivitalismo alemán que, aparecido a mediados del siglo XIX, tenía como empeño explicar la biología utilizando solo la fisicoquímica y negando la existencia de una fuerza vital responsable de animar la materia viva.

El postulado de la eternidad de la vida y de su existencia en algún lugar del universo hizo que los *panspermistas* se enfocaran en la forma en que esas semillas podían llegar a la Tierra. Ya hemos visto que Thomson y Helmholtz apostaban por que esas «semillas de la vida» viajaban a bordo de meteoritos. Pero ¿cómo llegaron al espacio? El bacteriólogo alemán Ferdinand Cohn, que descubrió esporas resistentes al calor, opinaba que las corrientes de aire podían enviar estas esporas al espacio y allí mantener su viabilidad durante largo periodos de tiempo a pesar de las bajas temperaturas. Pero ¿cómo acababan embarcándose en un meteorito? ¿Quizá una variante natural del autostop? Por entonces, que un trozo de roca fuera expelido al espacio se consideraba algo impensable. Eso fue lo que motivó al químico sueco Svante Arrhenius a entrar en juego y eliminar esa ecuación del partido.

A Arrhenius le divertían las teorías heterodoxas; en su tesis doctoral de 1884 propuso que la electrólisis sucedía cuando las moléculas de los electrolitos (tales como el $NaCl$) se disociaban en átomos cargados positiva y negativamente para transportar la carga eléctrica. Esta era una idea herética en el estándar de la teoría atómica de entonces, la de Dalton, y por eso el tribunal le aprobó con la nota más baja posible. A pesar de eso, Arrhenius continuó elaborando esta idea y, gracias a su empeño en este asunto, es reconocido hoy, junto con Ostwald y Van't Hoff, como uno de los padres de la química física.

Después de su trabajo en electroquímica, Arrhenius utilizó el conocimiento adquirido para explicar una amplia variedad de fenómenos astronómicos y meteorológicos, donde demostró la misma originalidad. Las ideas *panspermistas* de Arrehnius, que desarrolló entre 1903 y 1906, estaban motivadas por «los continuos fracasos de biólogos eminentes a la hora de descubrir un solo caso de generación espontánea de vida».

El sueco transformó significativamente la teoría meteorítica de Thomson. Arrhenius encontró en un concepto de la teoría electromagnética de Maxwell la forma de explicar la propagación de vida por el espacio: la presión de radiación de la luz solar. Quizá resulte inverosímil creer que la luz ejerza algún tipo de presión, pues nunca nos ha tumbado un rayo de sol al salir a la calle. Pero así es, y un ejemplo de ello es la cola de los cometas: apunta siempre en dirección contraria al Sol debido a la fuerza ejercida por los fotones de luz.

En 1908 Arrhenius publicaba *Worlds in the Making: the Evolution of the Universe*, donde expuso todas sus ideas sobre la panspermia. Arrhenius señaló que la presión de radiación era el propulsor perfecto para las pequeñas partículas en el espacio. Argumentaba que había «semillas vivas» de esos tamaños y calculó que, si salieran de la Tierra, cruzarían la órbita de Marte en veinte días, la de Júpiter en ochenta y la de Neptuno en catorce meses, por lo que tardarían en alcanzar la estrella más cercana, Alfa Centauri, nueve mil años. El sueco pensaba que el tiempo de viaje era suficientemente corto para que las semillas preservaran su poder germinativo, incluso en el viaje interestelar, pues, con una temperatura de -220 °C entrarían en una especie de criogenización que ralentizaría todos los procesos químicos y biológicos.

Pero ¿qué pasaba con el peligro nada desdeñable de la luz ultravioleta? Según Arrhenius, no mataría las esporas porque su acción estaría mitigada por la ausencia de factores oxidativos en el espacio. Y, al adherirse a los granos de polvo interestelar, las esporas podían aterrizar en un planeta como la Tierra a pesar del efecto de la presión de radiación.

La idea de millones de semillas volando por el espacio atrajo la atención de la prensa y del público, pero no la de los científicos. Solo unos pocos en la década de 1920 realizaron experimentos para comprobar la hipótesis de Arrhenius. Los más importantes fueron obra del botánico francés Paul Becquerel, nieto del descubridor de la radiactividad Henri Becquerel. Trabajando en el laboratorio de criogenia de Heike Kamerlingh Onnes (el primer científico en licuar el helio y descubridor de la superconductividad), mostró que las bacterias mantenían su capacidad de germinación después de dos años sometidas a un frío extremo en el vacío. Sin embargo, descubrió que la radiación ultravioleta del Sol tenía un efecto mortal sobre ellas. Un duro varapalo a Arrhenius y a todos aquellos que pensaban que el efecto de los rayos UV no era instantáneo, y podría retrasarse lo suficiente para que algunos microorganismos pudieran sobrevivir en el espacio.

Este descubrimiento, junto con el rechazo que iba apareciendo a la idea de un universo eterno debido a los nuevos descubrimientos cosmológicos, hizo que los físicos perdieran interés por la panspermia, una hipótesis que nunca tuvo demasiado predicamento entre los biólogos. Y cuando el influyente astrofísico James Jeans argumentara que la existencia de sistemas planetarios era realmente poco probable, la panspermia desapareció de todo. Eso sí, tiene el honor de ser la primera teoría que afirmó claramente que la vida era común en el universo.

Proceso de electrólisis

La electrólisis es un proceso que utiliza la corriente eléctrica para descomponer una sustancia en sus elementos básicos (por ejemplo, en el caso del agua, estos elementos serían oxígeno e hidrógeno). En este diagrama de una celda electrolítica, se emplea una pila con dos electrodos, el ánodo (polo positivo) y el cátodo (polo negativo). El cátodo atrae a los cationes (iones positivos de la solución electrolítica), que, al aproximarse, ganan un electrón y se transforman en un átomo neutro (proceso llamado reducción). Los aniones (iones negativos) se convierten en un átomo cuando son atraídos por el ánodo y, en su caso, pierden un electrón (proceso de oxidación).

Sin embargo, la panspermia se negaba a morir, y en la década de 1970 volvió de la mano de grandes espadas de la biología y de la astronomía. Por un lado, la pareja formada por el que fue el mejor astrónomo de mediados del siglo XX, Fred Hoyle, y el esrilanqués Chandra Wickramasinghe; por otra, la formada por el codescubridor de la estructura del ADN, Francis Crick, y el experto en el origen de la vida, Leslie Orgel.

En 1973 estos últimos presentaron su teoría de la panspermia dirigida, según la cual «la vida en la Tierra se originó por organismos enviados aquí, o en una sonda automática, por una civilización más avanzada». Según el propio Crick, llegaron a esta idea guiados por dos hechos: uno, la uniformidad del código genético; dos, porque la edad de universo es más del doble de la edad de la Tierra, por lo que es concebible que la vida haya evolucionado dos veces, primero en otro planeta y luego en la Tierra, desde los organismos más simples a la inteligencia tecnológica.

¿Realmente lo propusieron en serio? Orgel confesó al periodista científico John Horgan que todo había sido «una especie de chiste». A pesar de todo, su intención era seria: llamar la atención, tanto del público como de los científicos, sobre las enormes dificultades que existen en la investigación del origen de la vida. Resulta obvio que la panspermia no resuelve el problema sino que lo pospone en el espacio y en el tiempo, luego no es una solución. Pero la segunda cuestión, mucho más importante, es la pregunta que subyace a esta teoría: ¿cuál es la probabilidad de que un sistema que evoluciona por selección natural pueda haber surgido espontáneamente? Responderla implica dar un salto de fe y aceptar, como dice Crick, que la vida «o es un evento con una muy baja probabilidad de suceder, o casi inevitable, o algún punto entre ambos extremos». Crick fue un férreo defensor de lo primero, «un feliz accidente» que solo el transcurso de millones de años es capaz de tornarlo real. Y, aun así, dice Crick, el origen de la vida es «casi un milagro, teniendo en cuenta los muchos condicionantes que deben darse para que suceda».

La otra propuesta de panspermia, la de Hoyle y Wickrama-singhe, es mucho más audaz, por decirlo suavemente. Ambos van más allá de Crick y defienden que la vida es tan compleja que resulta imposible que apareciera por procesos naturales, incluso en el lugar más favorable del universo. Según sus cáculos, la probabilidad de producir un conjunto original de enzimas «barajando aleatoriamente aminoácidos» era de una contra 1040000, esto es, un uno seguido de 40 000 ceros, «una cifra que excede al número total de partículas existentes en el universo en muchísimos órdenes de magnitud». Por ello, los inconvenientes para que exista «una biología terrestre puramente mecanicista son intrínsecamente insuperables». ¿Cómo resuelven el problema? «La alternativa al ensamblado de la vida por obra del azar es el ensamblado por la intervención de algún tipo de inteligencia cósmica».

Estos astrofísicos no defienden la idea de un creador inteligente al estilo del Dios del Antiguo Testamento; su postura es más panteísta. Como Hoyle escribió sucintamente «Dios es el universo; Dios = universo».

Hoyle no se detiene ahí. «No se puede generar vida carbonácea sin hacer infinidad de cálculos, y la mejor forma que conozco para hacerlo es con chips de silicio. Nosotros hemos creado chips de silicio, así que por qué no aceptar esta secuencia: chip de silicio —vida carbonácea— chips de silicio». Dicho de otro modo: el chip de silicio usa la vida para expandirse por el universo. O si queremos describirlo de otra manera: la vida orgánica es producto de la vida que nosotros llamamos artificial. Desde luego, suena muy a ciencia ficción pero… ¿qué pensar de los singularitanos, que defienden que en un futuro cercano se producirá una Singularidad tecnológica, la creación de una superinteligencia artificial? Recordemos que, con el apoyo de la NASA, Google y un gran número de tecnólogos y tecnocapitalistas, en junio de 2009 se fundó la Singularity University con el objetivo de preparar a los futuros líderes para afrontar ese gran cambio que se avecina.

¿Recordamos la teoría del gen egoísta de Richard Dawkins? La vida es la forma que tienen los genes de ADN de perpetuarse.

Trentepohlia aurea es una especie de alga terrestre que se adhiere a rocas y tronco y cuya coloración naranja resulta de los pigmentos carotenoides en las células de las algas. La explicación oficial de la lluvia roja que cayó sobre Kerala fue la contaminación del aire con esporas de ella.

Quizá hubiera que reescribirla: la vida orgánica es la forma que tienen los chips de silicio de perpetuarse y expandirse por el universo.

Tal vez no sea tan descabellado...

No todo termina aquí. Hoyle y Wickramasinghe defienden que el espacio ha seguido influyendo en la vida a lo largo de la historia, pues, cabalgando a lomos de cometas, nuevos genes han ido modelando la evolución de la vida en la Tierra, incluso en la aparición de enfermedades. El cáncer, dicen, es el resultado de un mensaje genético venido del espacio destinado a las levaduras, pero fue incorporado accidentalmente por uno de nuestros antepasados con las consecuencias que ya conocemos. Incluso enfermedades como la viruela, la misteriosa plaga que asoló Atenas en el año 430 a. C., o la tristemente famosa gripe española de 1918 son virus y bacterias llegadas del espacio.

Hoyle murió en 2001 pero Wickramasinghe siguió trabajando en esta línea, y en 2003 publicó una carta en la revista médica *The Lancet* —firmada conjuntamente con el astrofísico Jayant Narlikar y el microbiólogo Milton Wainwright— en la que planteaba que el virus que causa el síndrome respiratorio agudo severo (SRAS) podía tener un origen extraterrestre. Wainwright, además, es un ardiente defensor de que un lugar más que factible para buscar vida extraterrestre es la estratosfera de nuestro planeta. De hecho, defiende que la misteriosa lluvia roja que cayó de manera intermitente entre el 25 de julio y el 23 de septiembre de 2001 sobre el estado indio de Kerala era de origen alienígena. Esta idea, planteada en 2003 por los físicos Godfrey Louis y Santhosh Kumar de la Universidad Mahatma Gandhi, es rechazada por la comunidad científica, que asume la explicación dada por la comisión especial que formó el Gobierno indio: se trató de una lluvia contaminada con esporas del alga *Trentepohlia annulata*. Sobre cómo llegó hasta allí un alga que no es de esa zona tan solo pudieron especular: quizá vientos provenientes de Europa la arrastraron hasta el subcontinente indio…

A estas alturas, tal vez el lector tenga curiosidad por saber cómo respondió la comunidad científica a los «desvaríos» de Hoyle. La verdad es que no se puede negar que con cierta amabilidad. En su caso, se respetó el honor entre ladrones: la altura intelectual del astrofísico jugó a su favor. Y el esfuerzo que se hizo para desmontar las coloristas ideas de Hoyle —inimaginable en cualquier otra situación— quizá se justifique como escribió John Horgan en la revista *Scientific American*: «Al caer la noche, cuando los demonios despiertan de su letargo, un terror muy especial se arrastra por el corazón de los científicos: ¿y si Hoyle tiene razón? Entonces la astronomía es una impostora, la biología es un castillo de naipes y la medicina una ilusión».

LOS IMPERATIVOS CÓSMICOS PARA LA VIDA

SHUTTERSTOCK

El descubrimiento de nuevos exoplanetas parece invitar a pensar que la vida es un imperativo cósmico.

A1 de junio de 2024 hay 5742 exoplanetas confirmados en 4237 sistemas planetarios, de los cuales 904 sistemas tienen más de un planeta. Se espera que los diferentes telescopios espaciales que ya están en órbita —como el James Webb (JWST), el estadounidense TESS o el europeo CHEOPS (que se opera desde el Centro Espacial INTA Torrejón (CEIT)— o los que se lanzarán en un futuro descubran más exoplanetas y brinde más información sobre sus características, composición, condiciones ambientales y potencial para que la vida fructifique en su superficie.

Realmente no hay ninguna otra observación astronómica que esté dando más alas a los astrobiólogos para pensar que la vida es, como decía Christian de Duve, un imperativo cósmico. Al menos por la abundancia de planetas, condición *sine qua non* para la aparición de la vida. Lo cierto es que resulta difícil pensar que la Tierra sea el único planeta con seres vivos en su superficie, por muy improbable que resulte la aparición de vida. Ahora bien, este razonamiento presupone que vale cualquier planeta que se encuentre alrededor de cualquier estrella y en cualquier galaxia, pero ¿realmente es así?

Las cosas no son tan sencillas. Pensemos en primer lugar en las galaxias: no todas son aptas para la vida, aunque sea microscópica. En las galaxias activas, como las Seyfert, sus núcleos emiten unos potentes flujos de radiación de alta energía que son capaces de esterilizar cualquier intento de llenar de vida un planeta. Además, no se sabe muy bien cómo, la morfología de una galaxia —si es espiral, elíptica o irregular— afecta a la habitabilidad de los planetas que en ella se encuentran. Lo que resulta claro es que una galaxia de baja metalicidad —esto es, con pocos elementos como el hierro, el carbono, el fósforo, el sodio…—, resulta inviable para la aparición de planetas y formas de vida. Este es el caso, por ejemplo, de las galaxias elípticas.

El entorno galáctico idóneo

Supongamos que contamos con una galaxia adecuada, como nuestra propia Vía Láctea; eso no quiere decir que nos valga cualquier lugar. Así, es muy probable que las regiones cercanas al núcleo no sean habitables. Por un lado, porque los niveles de radiación provenientes del superagujero negro situado en el centro y de las regiones colindantes son tan elevados que hacen imposible la creación de moléculas complejas: el centro de la Vía Láctea emite una cantidad de radiación gamma (la más energética de todas las existentes) que es 250 000 veces superior a la que recibe nuestro planeta. Otro motivo es que, en las regiones más céntricas de la galaxia, la densidad estelar es muy elevada, lo que hace que los encuentros fortuitos entre estrellas sea mucho mayor. Cuando esto sucede, las órbitas de sus planetas se ven fuertemente afectadas por los tirones gravitacionales, lo que puede llegar a provocar cambios en su superficie o, con más probabilidad, climatológicos. En el caso más extremo, el encuentro con otra estrella puede sacar a un planeta fuera de su órbita, lanzándolo al espacio interestelar. Un tercer elemento que debemos tener en cuenta es que, cuanto mayor sea la densidad de estrellas en una región, más probable es que una de ellas suficientemente masiva termine sus días como una supernova, el final más dramático para una estrella. En dos segundos, la estrella colapsa y explota, y desprende tanta luz como todas las estrellas de la galaxia juntas: este final cataclísmico es capaz de afectar gravemente a cualquier planeta que se encuentre a menos de treinta años luz.

Todo lo dicho nos lleva a definir una esfera estéril alrededor del centro galáctico de, al menos, diez mil años luz de radio.

Pero no es esta la única región hostil para la vida. Las regiones muy alejadas del centro galáctico tampoco son apropiadas por presentar una escasez significativa de elementos pesados —hierro, carbono, nitrógeno, níquel, magnesio...—, esenciales para la formación de planetas rocosos y, por supuesto, las moléculas de la vida. Y en el caso de galaxias espirales, la región de los brazos tiene una densidad de estrellas mucho más alta que las zonas interbrazos (que es donde se encuentra nuestro Sol), por lo que nos enfrentamos al mismo problema de las colisiones entre estrellas que se dan en el centro galáctico, aunque a una escala menor.

Ahora bien, en este caso hay que tener en cuenta un detalle que complica la situación: las estrellas orbitan alrededor del centro de la Vía Láctea. Esto quiere decir que, aunque una estrella se encuentre ahora en un brazo galáctico, no significa que siempre haya estado ahí. Se trata de una situación peculiar, porque las galaxias presentan lo que se llama rotación diferencial, esto es, que las estrellas no giran todas a la misma velocidad alrededor del centro: hay lugares donde las estrellas rotan más

En esta imagen tomada por el telescopio espacial Hubble se observa la forma espiral de la galaxia Messier 77. Descubierta por Pierre Méchain en 1780, está catalogada como una galaxia Seyfert.

deprisa que los brazos espirales, y también al revés. A causa de esta diferencia de velocidad, algunas estrellas entran en los brazos espirales de forma periódica, con lo que quedan expuestas regularmente a los inconvenientes de encontrarse en zonas de alta densidad estelar.

La velocidad de las estrellas y de los brazos depende de la distancia al núcleo: las que se encuentran más cerca de este se mueven más deprisa que los brazos, y las que están más lejos viajan más despacio. Por tanto, existe una zona de corrotación donde las dos velocidades se igualan: una estrella que se encuentre situada en esta zona y lejos de los brazos es la más idónea para que, si posee un sistema planetario, surja la vida. Evidentemente esto no quiere decir que en el resto de las estrellas no vaya a aparecer, pero su paso periódico por los brazos espirales, junto con la mayor probabilidad de que se produzcan inconvenientes encuentros estelares, hace que la vida esté más expuesta a una extinción global.

La estrella ideal

Ya sabemos cuál es la mejor localización de una galaxia para que aparezca la vida, pero ¿vale cualquier estrella? La respuesta es no. Una de las principales variables que debemos considerar es cuánto va a vivir. La evolución biológica exige tiempo para que aparezcan formas de vida complejas. En la Tierra, desde la aparición de la vida hasta los primeros animales se necesitaron unos tres mil millones de años. Eso implica que la estrella debe tener una vida mínima de, al menos, cinco mil millones de años, lo que impone una importante restricción. La vida de una estrella es inversamente proporcional a su masa: cuanta más masa tenga, antes se apagará porque quemará su combustible nuclear más deprisa. Además las estrellas masivas presentan otro importante inconveniente: producen una mayor cantidad de la letal radiación ultravioleta, esterilizando el planeta desde sus comienzos.

Así que la estrella debe tener poca masa, pero no demasiada; las de baja masa, como las enanas rojas, también tienen sus inconvenientes. Al emitir poca cantidad de energía, el planeta

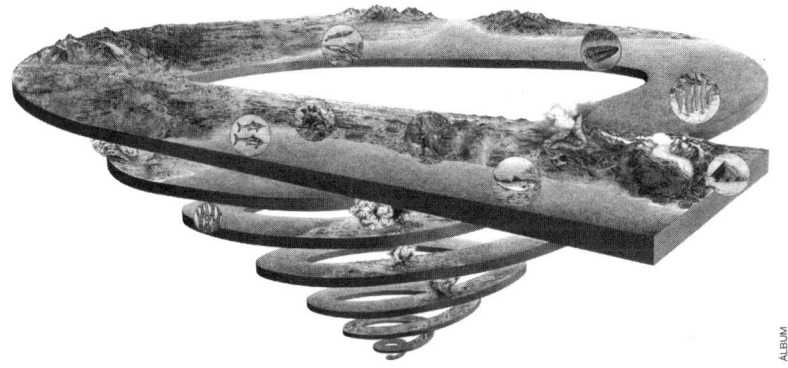

Diagrama de la evolución biológica en la Tierra. Se calcula que desde las primeras formas de vida en la Tierra hasta la aparición de los primeros animales transcurrieron tres mil millones de años.

debe orbitar muy cerca de la estrella. Si esto sucede, los efectos gravitacionales de marea inducirán una rotación síncrona sobre el planeta que lo obligarán a mostrar siempre la misma cara a su sol, como hace la Luna con la Tierra. La dinámica atmosférica de un planeta con una cara oscura, siempre congelada, y la otra sujeta a un calor infernal no es el mejor entorno para el desarrollo de la vida. Otro factor negativo es que estas estrellas son famosas por presentar llamaradas estelares. En cuestión de segundos, su producción de rayos X y ultravioletas puede aumentar miles de veces para apagarse en cuestión de minutos, algo que tal vez resulte problemático para una vida que está surgiendo. Y teniendo en cuenta que el 95 % de las estrellas de la galaxia tienen una masa inferior a la de nuestro Sol, podemos concluir que las posibilidades de encontrar vida en la Vía Láctea no son tan grandes como parece.

En nuestra búsqueda de un entorno cósmico adecuado para la vida también es posible que debamos eliminar los sistemas estelares múltiples, pues en estos la estabilidad de las órbitas planetarias resulta dudosa. Y al igual que pasaba con las galaxias, debemos suprimir de nuestra lista aquellas de tipo solar con una baja cantidad de elementos pesados: no se han encontrado sistemas planetarios alrededor de estrellas con un contenido inferior al 40 % del de nuestro Sol.

Como hemos visto, los inconvenientes son muchos y, por ese motivo, uno de los objetivos más importantes de las misiones de búsqueda de exoplanetas es encontrar planetas gemelos a la Tierra orbitando en estrellas apropiadas. Entre todos los planetas descubiertos, solo hay seis cuyo tamaño es menos de dos veces el de la Tierra y están situados en las zonas habitables de sus estrellas.

Este último es un punto muy importante. No solo es necesario que la estrella se encuentre en el lugar de la galaxia adecuado, que sea del tipo apropiado (ni muy grande ni muy pequeña) y que posea planetas rocosos; también es fundamental que el planeta se encuentre a la distancia «correcta» de su sol. La razón es simple: si suponemos que la vida en el universo está basada en el carbono y el agua, es necesario que la temperatura del planeta sea tal que permita la existencia de agua líquida a lo largo del tiempo. Los astrobiólogos dicen que el planeta debe encontrarse en la *zona habitable* de una estrella.

Ahora bien, una estrella no mantiene un brillo estable a lo largo de su vida, sino que presenta variaciones. Por ejemplo, hace cuatro mil millones de años nuestro Sol era un 30 % menos luminoso que en la actualidad. Este hecho hace que la zona habitable cambie con el tiempo, lo que impone una nueva restricción: que el planeta se encuentre a lo largo de toda su historia en la *zona continuamente habitable* de su estrella, tal como la definió el polémico astrónomo Michael H. Hart (que defiende la segregación de Estados Unidos en cuatro naciones «raciales»). Evidentemente, esta región es bastante más estrecha: según los cálculos realizados por el astrobiólogo James Kasting, en nuestro sistema solar esta zona se encuentra entre 0,95 y 1,15 veces la distancia de Tierra-Sol. ¿Qué planeta está justamente allí? Solo el nuestro, y lo cierto es que por pura chiripa.

Supongamos que tenemos un planeta rocoso situado a la distancia correcta de su estrella. ¿Basta con eso? Tampoco. Tres son los aspectos clave para que un planeta sea propicio para la vida: tamaño, localización y composición de su atmósfera.

Puede suceder que sea demasiado pequeño, como sucede con Marte, en ese caso, la gravedad será incapaz de mantener la atmósfera «pegada» al planeta, y, aunque durante un tiempo pueda tener una atmósfera lo suficientemente densa para albergar vida, esta acabará desapareciendo. Por otro lado, cuanto mayor sea el planeta, más probabilidad tendrá de producir una atmósfera densa, debido a que acumulará los elementos volátiles procedentes de la desgasificación durante su formación. También tendrá mejor suerte a la hora de preservar su atmósfera durante el intenso bombardeo al que estuvo sometido el sistema solar interior cuando se acababa de formar y todavía había muchos asteroides y cometas danzando sin control por el espacio cercano. Un caso paradigmático es el de Venus: posee la masa necesaria para sujetar gravitatoriamente una atmósfera, pero la temperatura en superficie es tan alta que se funde el plomo. ¿Por qué?

La temperatura superficial depende no solo de la distancia a la estrella, sino de la composición y la presión de la atmósfera. Las moléculas diatómicas, como el nitrógeno o el oxígeno, generan muy poco efecto invernadero, luego la mayor parte de la radiación que llega al planeta acaba por ser devuelta al espacio. Si contiene moléculas como vapor de agua, dióxido de carbono o metano, el efecto invernadero es significativo. ¿Y por qué es importante que lo haya? Basta con mirar a nuestro planeta; si no fuera por el agua y el dióxido de carbono, la temperatura media de la Tierra estaría entre -18 y -24 °C. Dicho de forma más contundente: sin un efecto invernadero natural, la vida en la Tierra sería imposible.

El caso de Venus es justamente el contrario: un ejemplo perfecto de calentamiento global desbocado. Los planetólogos piensan que un incremento en la temperatura provocó la evaporación de los mares (si alguna vez existieron en su superficie), lo que aumentó la presencia de vapor de agua en la atmósfera, realimentando el efecto invernadero. A ello contribuyó una continua liberación de dióxido de carbono proveniente de los carbonatos de la corteza. El vapor de agua acabó desapareciendo porque la luz solar lo descompuso en oxígeno e hidrógeno, este último

Las estrellas masivas suelen ser de vida corta, debido al volumen de su masa, y están condenadas a morir como supernovas, es decir, en una gran explosión estelar.

se perdió en el espacio, mientras que el primero, que es muy reactivo, se recombinó con otros elementos. Mientras, el dióxido de carbono fue aumentando paulatinamente su concentración en la atmósfera. Como Venus no tenía ningún mecanismo para eliminar el CO_2 de su atmósfera, la temperatura fue subiendo lentamente hasta llegar a los actuales 500 °C.

Ahora bien, ¿por qué no sucedió algo parecido en nuestro planeta? La respuesta es simple: porque aquí existe la tectónica de placas, el movimiento de los continentes y suelos marinos. El dióxido de carbono atmosférico reacciona con el agua de lluvia formando ácido carbónico, que termina en el fondo marino. Al bajar la concentración de CO_2 en la atmósfera se produce un descenso global de las temperaturas, pero, gracias a la tectónica de placas, este vuelve a la atmósfera a través de los volcanes. Gracias a este ciclo se mantiene una temperatura media de 18 grados, agradable para la vida. Y no solo eso, sino que, al parecer, un planeta geológicamente activo conlleva un campo magnético lo suficientemente intenso para evitar el efecto dañino de los rayos cósmicos, letales para la supervivencia del ADN.

Gracias, júpiter; gracias, Luna

No todo termina aquí. Algunos astrobiólogos (sobre todo aquellos que defienden la *hipótesis de la Tierra rara*, esto es, que piensan que nuestro planeta presenta unas condiciones casi únicas para la aparición de vida compleja) afirman que otra condición para la aparición de vida es la existencia en el sistema solar de un planeta gigante como Júpiter, que debe tener la masa justa y estar a la distancia correcta (si hubiera nacido un poco más cerca o hubiese tenido un poco más de masa, su atracción gravitatoria habría impedido la formación de la Tierra). Además, debemos agradecer que siga una órbita casi circular y estable; si hubiera sido más elíptica, no existiríamos. Incluso algunos piensan que nuestro gigante gaseoso ha sido fundamental para «barrer» el sistema solar de asteroides y cometas capaces de provocar una extinción masiva.

Según algunos cálculos, si Júpiter no se hubiera formado el número de objetos de diez kilómetros de diámetro (los llamados asteroides del Juicio Final) que chocarían con la Tierra sería diez mil veces mayor. Sin embargo, esto último no está tan claro. Otros cálculos realizados en 2008 por J. Horner y B. W. Jones de la Open University del Reino Unido señalan que nuestro querido Júpiter ha causado más impactos meteoríticos sobre la Tierra que los que supuestamente ha prevenido.

Otra idea controvertida es que quizá la existencia de vida en un planeta exija que tenga un satélite relativamente grande, como nuestra Luna. Al parecer, ha influido en la evolución de la vida de dos formas. La primera, produciendo grandes mareas, lo que pudo haber sido un elemento clave para que se formaran microambientes donde la vida pudiera empezar. Claro que el Sol también produce mareas, y aunque sean menos de la mitad de intensas que las provocadas por la Luna, eso podría haber sido suficiente.

La segunda ventaja de tener un satélite grande (los astrónomos hablan de que formamos un sistema planetario doble) es que, si no existiera, la orientación del eje de la Tierra no sería estable y experimentaría variaciones caóticas en el tiempo. Que estemos disfrutando de una sucesión regular de las estaciones durante millones de años es gracias a nuestra Luna. Marte, por ejemplo, tiene dos lunas minúsculas y su eje de rotación ha cambiado $60°$ en los últimos diez millones de años (en comparación, el eje terrestre oscila solo $1,5°$ cada 41 000 años). Las consecuencias climatológicas de una variación caótica del eje de rotación son catastróficas para la vida.

Sin embargo, no es esencial tener un satélite grande para conseguir la deseada estabilidad. Para ello bastaría con que la Tierra girase sobre sí misma más rápido o más lento. Venus, con una duración del día de 243 días terrestres, tiene estabilizado su eje. Lo que tiene de especial el sistema Tierra-Luna es que permite una duración del día de veinticuatro horas con el eje estabilizado. ¿Cómo se desarrollaría la vida en un planeta con periodos de rotación más cortos o más largos? Sobre eso solo podemos especular, pero no parece que sea un gran impedimento: recordemos que los pingüinos y los osos polares viven largos días de verano e interminables noches de invierno.

Poniendo rumbo a otras tierras

SHUTTERSTOCK

El sueño de muchos astrónomos es encontrar un planeta gemelo de la Tierra —rocoso, de tamaño similar y a una distancia adecuada de su sol— y para dar caza a ese exoplaneta anhelado se utilizan diferentes métodos.

Encontrar un planeta orbitando alrededor de otra estrella no es un trabajo fácil y exige realizar unas observaciones exquisitamente precisas, pero de un tiempo a esta parte hemos perfeccionado los instrumentos y todo parece ir a las mil maravillas. Lo más curioso es que todas las técnicas utilizadas hasta ahora para encontrarlos se basan en un único hecho: que una estrella solitaria no se mueve por el cielo de igual manera que una estrella con una cohorte de planetas a su alrededor.

Todo tiene que ver con la gravedad, que actúa en dos sentidos: la estrella tira del planeta, pero el planeta también influye sobre la estrella, lo que hace que esta se mueva por el cielo dando ligeros cabezazos. ¿Cómo podemos sacar ventaja de esto? De diversas formas. Una de ellas, la astrometría, consiste en darse cuenta de un pequeño detalle: cuando una estrella lleva a remolque un sistema planetario, tiende a no quedarse quieta en el cielo, sino a moverse alrededor de lo que se llama el centro de masas o baricentro, el punto matemático que se comporta como si toda la masa del sistema estuviera concentrada en él. Si la estrella no tiene planetas, el centro de masas coincide con el centro de la estrella, pero, si los tiene, no lo hace. En el caso del sistema solar, si consideramos solo el efecto del planeta más masivo, Júpiter, el baricentro se encuentra a poco más de 45 000 km por encima de la superficie del Sol. Esto quiere decir que el Sol gira alrededor de ese punto, al igual que Júpiter.

¿Podríamos observar ese ligero bamboleo de nuestra estrella? Imaginemos que somos un astrónomo extraterrestre que está buscando planetas desde una estrella separada de la nuestra treinta años luz: si observásemos sistemáticamente el Sol durante cincuenta años, descubriríamos que tendría un misterioso y casi imperceptible cabeceo contra el fondo del cielo de tan solo dos milisegundos de arco. O, lo que es lo mismo, detectarlo es como querer observar el canto de una moneda de 1 céntimo de euro a 200 kilómetros de distancia. Se trata de un método complicado y que exige mucha finura en la toma de medidas, pero se puede hacer. De hecho, en 2002, con la ayuda del telescopio espacial Hubble, se pudo caracterizar la masa de un planeta previamente descubierto alrededor de la estrella Gliese 876 (en particular el planeta Gliese 876b) gracias a este método.

LA VELOCIDAD RADIAL Y TANGENCIAL DE UNA ESTRELLA

Otra forma de descubrir exoplanetas consiste en emplear el llamado *método de la velocidad radial*. Cuando un cuerpo se desplaza por el cielo, podemos descomponer su movimiento en dos direcciones específicas: una, la que apunta directamente a nosotros (velocidad radial), y dos, la que es perpendicular a la anterior (velocidad tangencial o movimiento propio). O sea, que de toda estrella que vemos en el cielo podemos determinar de forma independiente —y esto último es importante— cuánto se aleja o se acerca de nosotros y cuánto se mueve por la esfera celeste. Es igual a lo que sucede cuando por la noche vemos un avión en el cielo: según se va acercando hacia nosotros, lo vemos como una luz fija en el cielo, inmóvil, pero, en el momento en que gire para enfilar la pista, empezaremos a ver cómo se desplaza sobre el fondo celeste. Para medir estas dos componentes de la velocidad se usan técnicas diferentes: para el movimiento propio basta con sacar fotos del cielo en diferentes épocas y ver cuánto se ha desplazado. Es sencillo de hacer pero más largo, pues las estrellas no son precisamente los Fórmula 1 del cielo: la que tiene un movimiento propio más rápido es la estrella de Barnard, que se desplaza a 90 km/s. Eso quiere decir que a lo

SHUTTERSTOCK

Nuestro sistema solar, como cualquier sistema planetario, está conformado por una estrella (nuestro Sol) y un conjunto de astros que orbitan a su alrededor, bajo la influencia de su campo gravitatorio. La gravedad actúa en ambos sentidos: la estrella atrae a los planetas y estos a la estrella.

largo de una vida humana recorrerá la mitad del diámetro de la Luna llena.

Para medir la velocidad radial se utiliza una técnica basada en el efecto Doppler: si la estrella se mueve hacia nosotros, su luz estará desplazada hacia el azul y, si se aleja, hacia el rojo. ¿Cómo cuantificamos este hecho? Descomponiendo la luz de la estrella con un espectrómetro. Al hacerlo, veremos el arcoíris salpicado por una serie de líneas oscuras colocadas en unos lugares muy determinados: es la huella dactilar de los elementos químicos que forman parte de la composición de la estrella. Esta es la clave: si la estrella estuviera quieta en el cielo, cada una de las líneas estaría situada en el lugar que le corresponde (una vez introducidas las correcciones necesarias para anular el efecto del movimiento de la Tierra); lo mismo sucedería si solo tuviera movimiento propio. Pero, si, además, posee velocidad radial, pasarán dos cosas: si se acerca hacia nosotros, veremos que todas las líneas del espectro están desplazadas hacia el azul y, si se aleja, lo estarán hacia el rojo. Si medimos esa diferencia en la posición de las líneas espectrales, podemos deducir la

El primer exoplaneta

L o cierto es que no se descubrió en 1995, como suele creerse, sino en 1992. El primer exoplaneta orbita alrededor del púlsar PSR B1257+12, que se encuentra a casi mil años luz de nosotros en la constelación de Virgo. De hecho, los radioastrónomos Aleksander Wolszczan y Dale Fraill, utilizando el radiotelescopio de Arecibo (Puerto Rico) encontraron, gracias a unas pequeñas anomalías en su periodo de rotación (una característica de los púlsares es que este es extremadamente regular), que alrededor de este cadáver estelar orbitan dos planetas del tamaño de la Tierra. ¿Qué hacen ahí? Nadie lo sabe. Lo único cierto es que, si la estrella hubiera tenido sistema planetario, la explosión supernova que dio origen al púlsar lo habría destruido. Luego, ¿de dónde vinieron?

velocidad radial de la estrella. ¿Y qué pasa si tiene un sistema planetario? Tras sucesivas observaciones descubriremos que, aparte del movimiento de la estrella, hay una serie de pequeñísimas variaciones en su velocidad radial debido al movimiento del astro alrededor del baricentro. Como podemos imaginar, esas discrepancias son realmente muy pequeñas, pero, con espectrómetros como el HARPS, instalado en el telescopio de 3,6 metros del Observatorio de La Silla, en Chile, o el HIRES de los telescopios Keck en Hawái se pueden llegar a medir variaciones en la velocidad inferiores a 1 m/s.

Hasta 2014 esta técnica era la más usada por los cazadores de planetas porque con ella obtenían estupendos resultados. De hecho, el primer planeta extrasolar fue detectado en 1995 por los astrónomos Michel Mayor y Didier Queloz empleando este método: ambos descubrieron que alrededor de la estrella 51 Pegasi (hoy conocida como Helvetios) orbita un planeta, Dimidio, cada 4,2 días. Pero también tiene sus pegas: como hay que hacer mediciones espectroscópicas de muy alta precisión, solo es posible encontrar planetas del tamaño de Júpiter que gravitan muy cerca de su estrella y situados a unos pocos miles de años luz de nosotros. Si queremos encontrar posibles Tierras, debemos restringirnos a observar estrellas que se encuentren a menos de 160 años luz. Por otro lado, descubrir planetas alrededor de estrellas de poca masa es más fácil por dos razones:

la primera es que la estrella se ve más afectada por los tirones gravitatorios de los planetas y, la segunda, porque rotan despacio, lo que hace que las líneas espectrales sean mucho más claras —no aparecen ensanchadas— que en el caso de una estrella en rápida rotación.

EL MÉTODO FOTOMÉTRICO Y LA LENTE GRAVITACIONAL

Un tercer método para localizar planetas extrasolares es el que ahora está más de moda: el método de tránsito o fotométrico, que consiste en observar pequeñas disminuciones en el brillo de la estrella debido al paso de un planeta por delante del disco. Evidentemente, esta técnica depende de que la órbita del planeta se encuentre directamente en nuestra línea de visión de la estrella, puesto que, si observáramos el sistema desde arriba, nunca veríamos el tránsito del planeta.

Finalmente, tenemos la que quizá sea la técnica de búsqueda de planetas más interesante, que está basada en la teoría general de la relatividad de Einstein. Una de las premisas de esta teoría es que el espaciotiempo se curva en presencia de la masa, ya sean galaxias, estrellas o planetas. Una consecuencia de esa curvatura del espacio es que la luz se «dobla» cuando pasa cerca de cuerpos masivos. En este caso, cuando la luz de una estrella distante pasa muy cerca de otra que se encuentra más cerca de nosotros (eso significa que están casi exactamente alineadas), la estrella cercana actúa como una lente produciendo imágenes múltiples de la otra. No obstante, esas imágenes son imposibles de observar con la potencia de los telescopios actuales; lo que sí observamos es un aumento gradual del brillo de la estrella cercana que luego empieza a descender hasta que recupera su brillo inicial. Todo este proceso puede durar entre treinta y cuarenta días.

Ahora bien, si la estrella cercana posee un planeta orbitando alrededor y si ese planeta está en el momento justo en el lugar indicado, también funcionará como una lente gravitacional y amplificará la señal durante un corto espacio de tiempo comparado con la duración total del evento. Analizando esa señal se puede estimar la masa del planeta y el radio orbital. Esta técnica es muy potente para encontrar planetas del tamaño de la Tierra y que se encuentran a una distancia de su estrella de entre 1 a 10 unidades astronómicas (la distancia media de la Tierra al Sol). Dicho de otro modo, con las lentes gravitacionales podemos encontrar gemelos de la Tierra.

El índice de habitabilidad planetaria

El sueño de los muchos astrónomos que se dedican a la captura de sistemas extrasolares es descubrir una verdadera Tierra extraterrestre. Anhelan encontrar el tesoro, esa Tierra 2.0: un planeta rocoso de tamaño similar que se encuentre en la zona de habitabilidad de la estrella. Ahora bien, a medida que aumenta el número de exoplanetas descubiertos, surge un nuevo problema: de todos ellos, ¿cuáles son los que merece la pena investigar con más detalle? ¿Cómo priorizamos?

Esta es la pregunta que quisieron responder los astrónomos del Laboratorio Virtual Planetario de la Universidad de

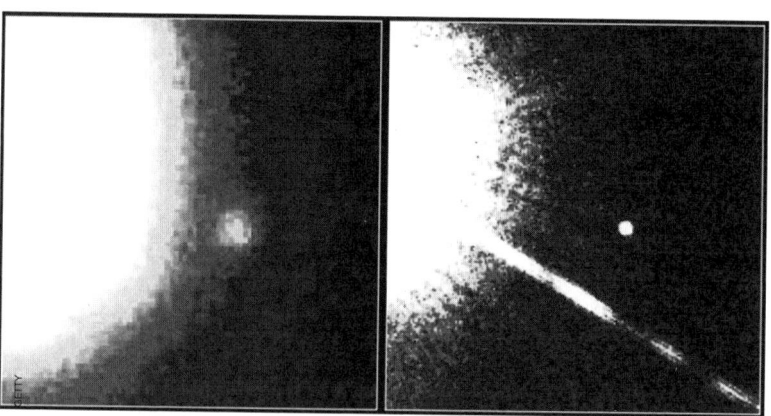

Imagen tomada desde el telescopio espacial Hubble de la enana marrón Gliese 229 B orbitando alrededor de la enana roja Gliese 229, que en la imagen es el objeto más brillante. Los astrónomos llevaban tiempo teorizando sobre la existencia de las enanas marrones, y esta fue la primera confirmación. Las enanas marrones son cuerpos celestes a medio camino entre un planeta gaseoso gigante (tipo Júpiter) y una estrella. No consiguen irradiar demasiada luz y por eso son tan difíciles de detectar.

Washington y, para ello, en 2015 crearon una manera de comparar y ordenar los exoplanetas mediante un parámetro que bautizaron como Índice de Habitabilidad para Planetas de Tránsito o Índice de Habitabilidad Planetaria (IHP). En realidad, se trata de la actualización de una vieja idea. En 1953, el padre de la medicina espacial, el alemán Hubertus Strughold, y el astrónomo norteamericano que determinó la posición del Sol en nuestra galaxia, Harlow Shapley, propusieron de manera independiente que el desarrollo de la vida en un planeta necesita que haya agua líquida en su superficie, y eso implica que debe encontrarse a una distancia determinada del Sol. Shapley llamó a esta distancia «el cinturón del agua líquida» y hoy se conoce como zona de habitabilidad, un término introducido por el astrofísico Su-Shu Huang en 1959 y que aplicó al concepto de la vida extraterrestre. «Fue un buen comienzo —sentencia uno de los creadores del IHP, Rory Barnes—, pero no hace ninguna distinción de lo que sucede en el interior de la zona habitable». Por este motivo, este nuevo índice busca cuantificar la habitabilidad de los planetas teniendo en cuenta diferentes factores. Según su estudio, los mejores candidatos para la categoría de planetas habitables son aquellos que reciben entre el 60 y el 90 % de la radiación solar que recibe la Tierra, un valor que coincide con la definición clásica de zona de habitabilidad. «La potencia de nuestro índice de habitabilidad crecerá a medida que aprendamos más sobre los exoplanetas que descubramos», declara con optimismo otra investigadora, Victoria Meadows.

Debemos comprender que a los astrónomos les encanta hacer tablas. En 2011 un grupo de investigadores liderados por el astrobiólogo Dirk Schulze-Makuch ideó lo que llamaron el Índice de Similitud con la Tierra (IST), que, como su nombre indica, tiene en cuenta el parecido con la Tierra en tamaño, densidad o distancia a su estrella. Además, incorpora el radio, la densidad, la velocidad de escape y la temperatura superficial del planeta. Claro que el problema estriba en que de la inmensa mayoría de los exoplanetas descubiertos únicamente conocemos su periodo orbital y, en algunos casos, su tamaño, por lo que

Los exoplanetas más parecidos a la Tierra

- Gliese 667Cc: situado a 22 años luz de nosotros, es una super-Tierra: 4,5 veces nuestro planeta. Su año es de tan solo 28 días, pero la estrella es una enana roja, bastante más fría que el Sol, y forma un sistema triple con otras tres estrellas.
- Kepler 442b: tiene 1,3 veces el tamaño de la Tierra y orbita alrededor de una estrella más fría que el Sol a unos 1100 años luz. Su periodo orbital es de 112 días y se especula que tenga 2,3 veces la masa de la Tierra. Algunos astrónomos piensan que estamos ante el primer planeta superhabitable (con las condiciones más favorables para la aparición de la vida) conocido.
- Wolf 1061c: se estima que la masa de este exoplaneta es 4,3 veces la de la Tierra y su radio es 1,5 el de nuestro planeta. Su periodo orbital es de 17,9 días y se encuentra a menos de 14 años luz de nosotros, lo que lo convierte en el planeta parecido a la Tierra más cercano.
- Kepler-1229b: descubierto en 2016, es un 40 % más grande que la Tierra y orbita alrededor de una enana roja situada en la constelación del Cisne a 770 años luz.
- Kepler 62f: es un 40 % mayor que la Tierra, gira alrededor de una estrella más fría que el Sol en una órbita de 267 días y se encuentra a 1200 años luz.
- Kepler-186f: es un 10 % mayor que la Tierra y se encuentra en el límite exterior de la zona de habitabilidad de su estrella, una enana roja con la mitad de la masa del Sol que se encuentra a 500 años luz de nosotros en la constelación del Cisne. El sistema cuenta con otros cuatro planetas.

hablar de cualquier otra propiedad, como la temperatura superficial, en la que influyen cosas como la irradiancia, el albedo, la insolación, el efecto invernadero, etc., significa caer en la mera especulación. Aun así, Schulze-Makuch y sus colaboradores han derivado el índice que les corresponde a otros planetas: habida cuenta de que para la Tierra vale 1, el de Marte es 0,7 y Kepler 438b, con 0,88, es el exoplaneta confirmado con el índice más alto. Lo curioso es que el planeta Gliese 581g, cuya existencia hoy por hoy despierta serias dudas, es el que tiene un índice más elevado, 0,89, lo que demuestra el nivel de especulación que posee este cálculo.

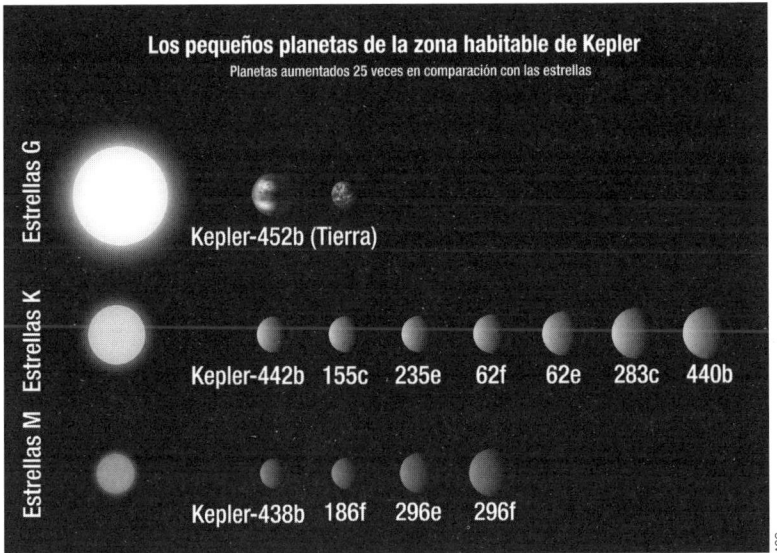

Los pequeños planetas de la zona habitable de Kepler
Planetas aumentados 25 veces en comparación con las estrellas

Estrellas G
Kepler-452b (Tierra)

Estrellas K
Kepler-442b 155c 235e 62f 62e 283c 440b

Estrellas M
Kepler-438b 186f 296e 296f

ASC

Planetas detectados por el telescopio espacial Kepler que se encuentran en una zona de habitabilidad. Destacan Kepler-452b, por ser el planeta con un tamaño más parecido al de la Tierra, y Kepler-438b, que cuenta con el Índice de Similitud con la Tierra más elevado.

Resulta obvio que el IST no dice nada respecto a la habitabilidad de un planeta; para ello tenemos el ya mencionado Índice de Habitabilidad Planetaria, que se fija en cosas como si tiene una superficie helada o rocosa, si posee atmósfera o campo magnético, la cantidad de energía disponible en la superficie del planeta y la presencia de componentes orgánicos o de los solventes necesarios para las reacciones químicas. En este caso, el valor para la Tierra es de 0,96 seguida de Titán, el satélite de Saturno, con 0,64, y de Marte, con 0,59. Esta cuenta, que se puede hacer perfectamente bien con objetos de nuestro sistema solar, empieza a patinar si miramos más allá. Decir que el IHP de los exoplanetas es especulativo es quedarse corto, pero los astrobiólogos de la Universidad de Washington no son de esos que se paran en barras y han estimado que el índice que le corresponde al dudoso planeta Gliese 581g es 0,45, convirtiéndose en el primero de la lista… si su existencia se confirma. De hecho, el sistema planetario de la enana roja Gliese 581 (compuesto de cuatro o cinco planetas) se lleva el palmarés de los exoplanetas con mayor Índice de Habitabilidad. También puntúa alto un planeta del tamaño de Neptuno, HD 69830d, en la constelación de Puppis («popa», en latín), con 0,60. El optimismo de los astrobiólogos es contagioso y muchos piensan que con los futuros telescopios espaciales podremos afinar mucho más el valor de estos índices e, incluso, seremos capaces de detectar biomarcadores, como la presencia de clorofila, en la atmósfera de los exoplanetas. El futuro nos dirá si ese optimismo estaba fundamentado o solo fue un viva Cartagena.

En busca de civilizaciones extraterrestres

SHUTTERSTOCK

Cientos de radiotelescopios enfocados al espacio exterior, como los de esta imagen, forman parte del programa SETI, que engloba numerosos proyectos destinados a la búsqueda de señales de origen extraterrestre.

A principios de 1959, el Observatorio de Green Bank, situado en el condado de Pocahontas en Virginia Occidental, era un lugar en plena efervescencia. Se acababa de construir un radiotelescopio de veintiséis metros de plato y todo estaba dispuesto para comenzar a observar el universo en el rango de las ondas de radio. Entre los astrónomos allí destacados se encontraba un joven de veintinueve años llamado Frank Drake, que por divertimento había calculado la máxima distancia a la que ese flamante radiotelescopio podía detectar señales provenientes de otros mundos si alguien las emitiese con la máxima intensidad con la que lo hacíamos desde la Tierra. Y determinó una distancia de alrededor de diez años luz. Un día nevado de finales de invierno, Drake comentó este hecho a sus compañeros durante una de las comidas informales que solían celebrar cada pocos días en un restaurante de carretera situado a ocho kilómetros del observatorio. Sugirió que, colocando un equipo muy sencillo, podrían buscar esas señales apuntando a las estrellas más cercanas. Al director del observatorio le gustó la idea y dio el visto bueno. Drake consiguió dos mil dólares y ciento cincuenta horas de observación en el radiotelescopio Tatel.

Drake decidió que el equipo debía operar en la línea de 21 cm del hidrógeno, que corresponde a una frecuencia de 1420 MHz. La razón era eminentemente práctica: los radiotelescopios estaban preparados para operar a esa frecuencia pues es la mejor forma de observar el universo en ondas de radio, ya que el hidrógeno es el átomo más abundante del universo y esta emisión puede atravesar sin problemas las nubes de polvo interestelar que absorben la luz visible.

El 8 de abril de 1960 Drake puso la alarma de su despertador a las tres de la madrugada. «Recuerdo lo frío que era Green Bank de madrugada», diría tiempo después. Subió el equivalente a cinco pisos en un ascensor al aire libre para ajustar el amplificador colocado sobre el disco del telescopio. A las cinco de la mañana, Drake y sus dos estudiantes entraron en la sala de control para preparar el equipo. Después de comprobar meticulosamente que todo funcionaba correctamente, apuntaron el radiotelescopio a Tau Ceti, una estrella situada a doce años luz de nuestro planeta. Este era uno de los dos objetivos de Drake; el otro era Épsilon Eridani. Había escogido estos astros por su proximidad, por su parecido a nuestro sol y porque parecía probable que tuvieran sistemas planetarios (a principios del siglo XXI se descubrió que así era). Una vez puestos en marcha, ya solo quedaba hacer una cosa: esperar. Acababa de nacer el proyecto *Ozma*.

La idea de Drake de utilizar la radio para comunicarse con otros planetas no era nueva. Desde la invención de la radio, las miradas de los científicos se posaron en ella como vehículo de comunicación. Sus inventores, Nikola Tesla y Gugliemo Marconi, pensaban que podía emplearse para establecer comunicación con otros planetas, en particular con Marte. Las palabras de Tesla convencieron al astrónomo estadounidense David Todd y en 1909 puso las bases filosóficas de lo que medio siglo después sería el programa de Búsqueda de Inteligencias Extraterrestres (SETI): si los marcianos tuvieran un conocimiento científico similar al nuestro, tal vez estarían intentando comunicarse con nosotros mediante ondas de radio. Intentó persuadir a todas las estaciones de radio de Estados Unidos para que apagaran sus transmisiones durante el año del máximo acercamiento entre Marte y nuestro planeta, 1924, y así poder escuchar con claridad las posibles transmisiones de los marcianos. Su esfuerzo se vio recompensado parcialmente cuando convenció al jefe de Ope-

David Peck Todd fotografiado en el Observatorio Lick en 1924. Él sentó las bases filosóficas del programa de Búsqueda de Inteligencia Extraterrestre (SETI).

raciones Navales de la Armada estadounidense. El 24 de agosto de 1924 este oficial envió una orden a las 220 estaciones de radio más potentes de la Marina para que evitaran toda transmisión innecesaria. Otras estaciones del Ejército recibieron órdenes similares y en una de ellas se encontraba presente un experto criptoanalista para, si era necesario, descifrar la transmisión. No se recibió ninguna señal, y el proyecto tuvo una muerte silenciosa: se necesitarían casi cuatro décadas, además del ímpetu de un joven radioastrónomo, para que volviera a repetirse.

LA ESTRATEGIA DE LAS FRECUENCIAS MÁGICAS

Lo que Drake no sabía es que seis meses antes, en septiembre de 1959, la revista *Nature* publicaba el primer artículo científico en el que se consideraba seriamente la posibilidad de escuchar emisiones provenientes de otras civilizaciones. Titulado «Searching for Interstellar Communications», sus autores fueron los físicos Philip Morrison y Guiseppe Cocconi, que en ese momento se encontraban trabajando en la Universidad de Cornell. Ambos, provenientes del mundo de la física nuclear, estudiaban las posibilidades de la astronomía de rayos gamma. Un día Cocconi acudió al despacho de Morrison con una sugerencia que había estado discutiendo con su mujer, también física en Cornell: «¿Qué te parece la idea de que las civilizaciones se comuniquen por la galaxia usando rayos gamma?», le preguntó. Tiempo después ambos se reencontraron en Ginebra, donde Cocconi estaba disfrutando de un año sabático, y escribieron el artículo destinado a convertirse en un clásico.

En este texto proponían que la mejor manera de buscar otras civilizaciones era usando la estrategia de las «frecuencias mágicas», que en esencia es una variante del «yo sé que tú sabes que yo lo sé»: si los ET poseen una ciencia similar a la nuestra, usarán radiotelescopios para estudiar el universo y sabrán que la mejor manera de hacerlo es sintonizando la emisión del hidrógeno neutro en 1420 MHz. Por tanto, si queremos enviar señales a otras civilizaciones, lo mejor es utilizar esa frecuencia porque es a la que tendrán sintonizados sus aparatos. Y al revés, si ellos quisieran hacer pública su existencia a la galaxia, sabrán que nosotros escuchamos en esa longitud de onda. Terminaban el artículo con unas palabras que se han convertido en la primera línea de defensa contra los críticos del programa SETI: «La probabilidad de tener éxito es difícil de estimar, pero si nunca buscamos, las posibilidades de éxito son cero».

¿Por qué buscar emisiones extraterrestres de banda estrecha en el rango de radio? Las ondas de radio son baratas, llegan lejos y su camino no se ve perturbado por nebulosas y otros objetos celestes. Sin embargo, esa no es toda la verdad. Enviar mensajes a larga distancia necesita de una gran potencia, pues una señal recibida por un planeta situado a ocho años luz es 1/64 menos intensa que la misma señal recibida a un año luz, debido a la ubicua ley del inverso del cuadrado de la distancia. «Para que se dé la comunicación interestelar se necesita una enorme potencia y un radiotelescopio verdaderamente grande capaz de recoger las débiles señales que llegan desde las vastas distancias espaciales», comentan los astrónomos Andrew J. H. Clark y David H. Clark.

Ahora bien, aceptando que los ET se comuniquen con ondas de radio, los científicos se enfrentan a un problema tecnológico mayúsculo. El dial de la «radio SETI» va desde los 1000 a los 10 000 MHz. Para que una emisión sea efectiva y no se disipe la anchura de banda —el intervalo de frecuencias que ocupa una emisora en el dial— debe ser, como mucho, de 1 Hz. Esto nos da la friolera de 10 000 millones de canales; dedicando solo un segundo por canal, analizar cada estrella nos llevaría 317 años. De ahí que Cocconi y Morrison propusieran las «frecuencias mágicas».

El artículo de Cocconi y Morrison abrió la puerta de toriles a todo tipo de propuestas. Una muy popular fue el llamado *water hole* (agujero de agua), que va desde la frecuencia de emisión del hidrógeno (H, 1420 MHz) al radical hidroxilo (OH, 1662 MHz). La razón es bastante chauvinista: H y OH dan H_2O y los astrónomos suponían que, si la bioquímica extraterrestre también estaba basada en el agua, usarían semejante rango de frecuencias para intentar contactar. Otra más futurista fue buscar en la línea de 1516 MHz del tritio, lo que demostraría que existen civilizaciones con reactores de fusión nuclear por ahí arriba. La filosofía subyacente es muy simple: existen civilizaciones con un desarrollo científico-tecnológico similar al nuestro y con interés en saber si no están solos en el universo.

La Academia Nacional de Ciencias, la organización científica más prestigiosa de Estados Unidos, vio con buenos ojos estas iniciativas y subvencionó la celebración de un pequeño encuentro en el NRAO (Observatorio Nacional de Radioastronomía) presidido por Frank Drake en 1961. Asistieron once científicos, entre los que se encontraban los pioneros Cocconi, Morrison y un joven entusiasta de la exobiología llamado Carl Sagan. La razón de que fueran solo once es que en Green Bank no había alojamiento para más.

UNA BÚSQUEDA MARCADA POR LA IDEOLOGÍA

A la reunión se invitó a una de las figuras del momento, el neurocientífico y experto en la inteligencia de los delfines John Lilly, que defendió que estos cetáceos poseían una inteligencia similar a la nuestra: estaba convencido de que poseían un lenguaje complejo que denominaba *delfinés* y que estaba a punto de descifrar. Esta intervención permitió a los participantes razonar que, si este era el caso, la inteligencia habría aparecido en nuestro planeta más de una vez, luego no debería ser una rareza en el universo. Sin embargo, todos estuvieron de acuerdo en que una inteligencia acuática no podía desarrollar tecnología, pues, obviamente, bajo el agua no se puede hacer fuego ni construir radiotelescopios para comunicarse con otros seres. Frank Drake, queriendo centrar las discusiones con algo parecido a un principio general, presentó la ecuación que hoy lleva su nombre en un intento por cuantificar la probabilidad de comunicarnos con otros planetas. La reunión de Green Bank dio legitimidad científica a la búsqueda de vida inteligente fuera del planeta y supuso el pistoletazo de salida para el programa SETI.

Mientras, al otro lado del telón de acero, el astrónomo Iosif Shklovskii —que en la década de 1940 había predicho la existencia de la famosa línea de 21 cm— publicaba en 1962 un libro titulado *Universo, vida, mente.* Fue el primer libro donde un astró-

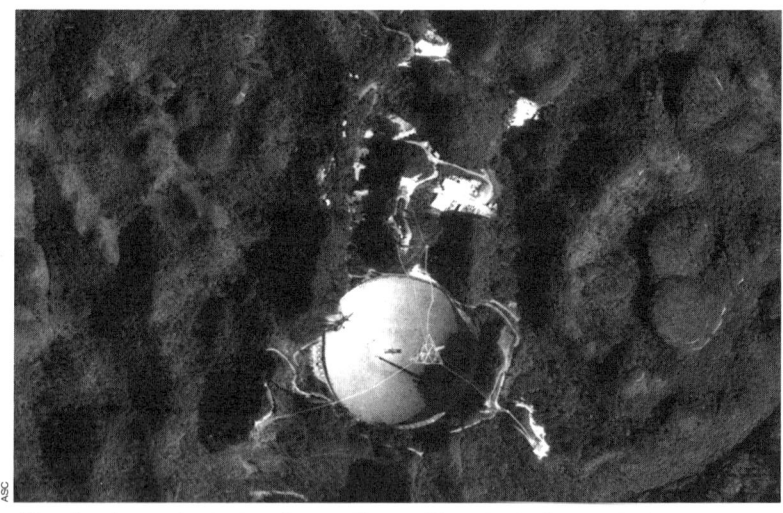

El radiotelescopio de Arecibo, en Puerto Rico, fue la fuente de datos para el proyecto *SETI@home.* En 1974 se envió un mensaje de radio dirigido al cúmulo de estrellas M13, a una distancia aproximada de 25 000 años luz, con información sobre nuestro planeta y su ubicación en la galaxia.

nomo daba prominencia a la búsqueda de ET en ondas radio y en él subyacía el materialismo histórico marxista, de modo que para Shklovskii era inevitable el desarrollo de la civilización en cualquier planeta donde apareciera vida. Dos años más tarde, su más avezado discípulo, Nikolai Kardashev, organizaba la primera reunión científica soviética sobre civilizaciones extraterrestres en el Observatorio Astrofísico de Byurakan, en la Armenia soviética. Al igual que hiciera Drake con su famosa ecuación, antes de la reunión y para enfocar las discusiones de sus colegas, Kardashev publicó un artículo en la revista *Astronomía Soviética* en el que proponía una clasificación de las civilizaciones en función de la energía que necesitan para mantenerse: las de tipo I consumen tanta energía como la recibida de su sol; las de tipo II, tanta como toda la que emite su estrella, y las de tipo III, tanta como la que emite la galaxia. Siguiendo la más pura ideología del materialismo histórico marxista terminaba diciendo: «Incluso el descubrimiento del más simple organismo, por ejemplo en Marte, incrementaría enormemente la probabilidad de que existan en la galaxia muchas civilizaciones de tipo II».

Ciertamente la ideología permeaba el desarrollo de SETI. Los científicos soviéticos no iban a buscar inteligencias extraterrenas sino que querían *comunicarse con ellas*. Lo que para los norteamericanos era SETI para los rusos era CETI (Comunicación con Inteligencias Extraterrestres), y lo dejaron claro en su congreso de 1964; debían «obtener soluciones técnicas y lingüísticas al problema de comunicación con civilizaciones extraterrestres que estén mucho más avanzadas que la nuestra». Su búsqueda se iba a concentrar en civilizaciones tipo II y III. Por contra, los científicos que se reunieron en el NRAO establecieron la doctrina norteamericana de SETI, enfocada en la búsqueda de civilizaciones de tipo I. Los ya citados A. J. H. Clark y D. H. Clark han expresado muy gráficamente cómo ambas estrategias estaban viciadas por la ideología: «Los americanos buscaban Radio Libre Alfa Centauri mientras que los soviéticos deseaban participar en los futuros congresos del Partido Comunista Intergaláctico». Dicho de otro modo, los norteamericanos querían encontrar a sus iguales tecnológicos e intelectuales, como bien demuestra la peregrina idea de las frecuencias mágicas; por el contrario, los soviéticos deseaban comunicarse con aquellas civilizaciones que hubiesen alcanzado un avance espectacular siguiendo el inevitable devenir predicho por el materialismo histórico. Lo que debía pensar todo buen soviet acerca del tema lo escribió el astrónomo Nikolai Bobromikoff en su ensayo *Actitudes soviéticas respecto a la existencia de vida en el espacio:* «La vida es una consecuencia normal e inevitable al desarrollo de la materia, como la inteligencia es una consecuencia normal a la existencia de vida».

Kardashev puso en juego toda una red de telescopios a lo largo de la Unión Soviética, desde Vladivostok, en el Lejano Oriente, a Murmansk, en la frontera con Finlandia, para detectar alguna emisión proveniente de una civilización de tipo II o III. En 1965, cuando repasaba las observaciones obtenidas por su colega Yevgeny Sholomitskii con la Estación de Espacio Profundo de Crimea, descubrió una fuente de radio de un tipo nunca visto antes: una emisión pulsante en la vecindad de la fuente de radio CTA 102 (la objeto 102 del Catálogo de Caltech A de fuentes de radio estelares). En realidad, no se parecía demasiado a lo que podía ser una emisión inteligente porque era en banda ancha en lugar de estrecha (las fuentes naturales emiten a lo largo de un amplio espectro de frecuencias y las artificiales lo hacen en uno más estrecho para concentrar más la energía emitida y llegar más lejos), y la frecuencia era de 1000 MHz. Pero la gráfica era perfectamente sinusoidal y el pico se producía cada cien días, tan regular como un metrónomo.

Para Kardashev la emisión tenía toda la pinta de que podía proceder de una civilización tipo III y, con el apoyo de Moscú, convocó una rueda de prensa para presentar al mundo su triunfo sobre los norteamericanos. Su profesor y mentor Shklovskii no las tenía todas consigo y trató por todos los medios de aplazarla, pero la presión desde Moscú era muy fuerte y tuvo que doblegarse. El anuncio del descubrimiento dio la vuelta al mundo: incluso Frank Drake cableó una sincera felicitación pidiendo más detalles del descubrimiento. Pero el jarro de agua fría llegó pronto: incomprensiblemente los rusos no conocían el trabajo

Cúpula del Observatorio Astrofísico de Byurakan. Ubicado en la pendiente de Aragats, cerca de la localidad de Byurakan, en Armenia, fue elegido por Nikolai Kardashev como sede de la primera reunión de científicos soviéticos sobre vida extraterrestre.

del Caltech que demostraba que CTA-102 era un cuásar: lo que Sholomitskii había descubierto era la primera emisión pulsante de un cuásar. El chasco soviético fue de órdago pero eso no detuvo las búsquedas: en 1969 Vasevelod Troitskii estudió las emisiones de doce estrellas y al año siguiente coordinó una búsqueda por todo el cielo usando la misma red que Kardashev: con setecientas horas de observación fue el proyecto SETI más ambicioso de la época.

La edad de oro de SETI

Al final, las dos superpotencias políticamente irreconciliables estrecharon lazos en torno a los extraterrestres. El primer paso lo dio Carl Sagan, cuando cayó en sus manos el libro de Shklovskii: lo hizo traducir y añadió sus propios pensamientos, convirtiéndolo en 1966 en el *best seller Vida inteligente en el universo.* El segundo fue la conferencia ruso-norteamericana CETI celebrada en 1971 en el Observatorio de Byurakan en la Armenia soviética y copresidida por Carl Sagan y el padre de la astrofísica teórica soviética, Viktor A. Ambartsumian. En ella se propu-

La ecuación de Drake

En el año 1961 el radioastrónomo estadounidense Frank Drake ideó una ecuación para calcular la probabilidad de contactar con otras civilizaciones de la Vía Láctea. Su fórmula es: $N = R^* \times Fp \times Ne \times Fl \times Fi \times Fc \times L$.

R* es el número de estrellas que nacen en nuestra galaxia cada año. Solo cuentan las que viven el tiempo suficiente para poder desarrollar vida.

Fp es la fracción de esas estrellas que tienen planetas.

Ne es el número de planetas situados a la distancia óptima de su estrella para que pueda aparecer la vida.

Fl es la fracción de esos planetas donde, efectivamente, aparece la vida.

Fi es la fracción de esos planetas donde la vida evoluciona hacia la inteligencia.

Fc es la fracción de planetas donde la vida inteligente alcanza un desarrollo tecnológico que permita la comunicación interestelar. Aún más difícil de saber.

L es el tiempo que una civilización con ese nivel tecnológico sobrevive y no se destruye... o la destruyen.

Realmente, lo que nos enseña la ecuación de Drake es lo grande que es nuestra ignorancia, pues desconocemos el valor de todos los factores menos el primero, y del segundo tan solo podemos dar un número aproximado. Luego N puede valer 10 millones y que la galaxia está repleta de vida o 1, lo que significa que solo estamos nosotros. Como comentó un crítico de SETI: «es tan difícil encontrar en la galaxia vida inteligente como hacerlo un sábado por la noche en una discoteca».

sieron direcciones de investigación, los tipos de instrumentos que se utilizarían... todo lo necesario para hacer de SETI una ciencia respetable.

Ese mismo año, con el apoyo de la NASA, John Billingham, un médico del Ames Research Center, y el ingeniero eléctrico Bernard Oliver reunieron a un grupo de científicos para establecer las bases del diseño de un sistema capaz de detectar cualquier señal extraterrestre. El resultado fue el proyecto *Cyclops:* una formación desplegable de un millar de antenas cuyo precio de ejecución sería similar al del programa *Apolo.* Los autores incluso llegaron a imaginar una ciudad, Cyclopolis, donde viviría el personal del observatorio y sus familias.

Con semejante coste era obvio que no se iba a realizar nunca, pero proporcionó las bases para el desarrollo futuro de SETI. Comenzaba la edad dorada de la búsqueda de civilizaciones extraterrestres: la Academia Nacional de Ciencias afirmaba que «nos encontramos ante uno de los grandes pasos de la evolución: el conocimiento de la existencia de otras civilizaciones en el espacio». Siguiendo estos pasos, el famoso Jet Propulsion Laboratory (el lugar donde se construyen y operan las sondas que viajan a otros planetas) creaba una oficina SETI y por todos lados se multiplicaron los congresos de comunicación interestelar.

LA MISTERIOSA SEÑAL *Wow!*

En diciembre de 1973 John Krauss y Bob Dixon lanzaban un ambicioso programa de observación desde el radiotelescopio Big Ear de la Universidad Estatal de Ohio, que pasaría a la historia como el lugar en el que se recibió la señal más misteriosa de toda la historia SETI. El 15 de agosto de 1977 registró una señal muy intensa y de banda estrecha. Duró los 72 segundos que el radiotelescopio tuvo para observarla y nunca más volvió a detectarse. Al contrario de lo sucedido con CTA-102, esta señal se ajustaba como un guante a lo que los científicos de SETI esperaban encontrar si detectaban una emisión de radio de una civilización extraterrestre. El radioastrónomo que estaba a cargo de la observación, Jerry R. Ehman, se sorprendió tanto que, en el registro impreso, rodeó con un círculo el código alfanumérico que la describía, 6EQUJ5, y escribió *Wow!* al margen. Desde entonces se conoce como *la señal Wow.*

6EQUJ5 cumplía todos los criterios para ser de origen artificial: la señal recibida era potente, 30 veces mayor que el fondo interestelar, la anchura de banda era de menos de 10 kHz, como cabría esperar de una señal inteligente si no queremos que se confunda con otras de origen natural, y la frecuencia de emisión era muy cercana a la línea de 21 cm (1420 MHz) del hidrógeno. ¿Podía ser una falsa alarma? Ya le había sucedido algo así a Frank Drake, que a los pocos días de iniciar sus observaciones detectó una señal que parecía extraterrestre. «¿Realmente es tan fácil?», dijo entonces Drake pensando en voz alta. Sin embargo, el análisis posterior de la señal determinó que procedía de un avión que pasaba por allí a gran altitud.

Los astrónomos de la Universidad de Ohio se pusieron a trabajar para comprobar que no les había pasado igual que al pionero de SETI. Aparentemente no había sido así: la señal provenía de algún punto situado en la constelación de Sagitario; en particular, cerca de un pequeño cúmulo de estrellas conocido como Chii Sagittarii. Vista en conjunto, la señal *Wow!* tenía todas las papeletas para ser una emisión extraterrestre. El problema es que nunca más se ha vuelto a escuchar. Tanto el Big Ear como otros programas SETI posteriores han buscado en vano volver a detectar aquella misteriosa señal. Porque, si no lo es, ¿qué la provocó? Eso será siempre un misterio.

Auge, decadencia y... ¿renacer?

El tiempo pasaba y los programas SETI florecían: para la década de 1980 había en marcha 48 búsquedas. En 1982 Carl Sagan promovió una petición a favor de SETI que fue publicada en la revista *Science,* mientras que el comité sobre el futuro de la astronomía de la Academia Nacional de Ciencias recomendaba financiar este programa. Al final, en 1990, la NASA aprobó un proyecto de 108 millones de dólares para gastar en diez años. La fase final estaba prevista para el año 2000 y muchos entusiastas de SETI, Frank Drake incluido, creían que encontraríamos una señal antes del fin del milenio.

Pero la NASA tenía miedo de que el Congreso no aprobara los fondos para buscar ET, por lo que rediseñó su estrategia. En lugar de llamarse *Microwave Observing Project* lo rebautizó con el nombre de *High Resolution Microwave Survey,* y en lugar de estar adscrito a la División de Ciencias de la Vida pasó a formar parte de la División de Exploración del Sistema Solar. Así, todo parecía políticamente correcto: SETI se convirtió en HRMS. El gran día del estreno fue el 12 de octubre de 1992, con lo que el paralelismo entre Colón y los científicos de SETI era obvio. El optimismo era tal que John Billingham impulsó un documento titulado *Declaración de principios respecto a las actividades que seguirán a la detección de inteligencias extraterrestres*, que fue firmada por las principales sociedades astronómicas internacionales. Solo hubo algunas voces discordantes. Una de ellas fue la del prestigioso biólogo Ernst Mayr, que criticó que HRMS estuviera dominado por físicos e ingenieros cuando el punto crítico del problema no era físico, sino biológico y sociológico. También el físico Alan H. Cromer, en su libro de 1993 *Uncommon Sense*, escribió que SETI «era la versión de la era espacial de hablar con Dios», y lo comparaba con la búsqueda del monstruo del lago Ness.

El Congreso opinó lo mismo y en octubre del año siguiente se negó a renovar la ayuda: en solo un año, la joya de la corona de SETI, con dos programas de búsqueda utilizando la red de antenas del espacio profundo de la NASA, se quedó sin financiación. Mientras, Richard H. Bryan, senador por Nevada (patria del Área 51, uno de los lugares más queridos por los ufólogos del mundo), estaba furioso: acusó a la NASA de cambiar SETI por HRMS para ocultar el verdadero objetivo del programa y convenció a 23 senadores para que cancelaran cualquier financiación: Colón había salido del puerto de Palos,

Stephen Hawking (a la izda.) y Yuri Milner (sentado en la mesa, a la dcha.) idearon un proyecto para llegar a Alfa Centauri con una diminuta nave espacial de unos pocos gramos que viajaría al 20 % de la velocidad de la luz con ayuda de una «vela» impulsada por un haz luminoso.

pero al llegar a las Canarias, la reina Isabel le retiró los fondos. La NASA acusó el golpe y durante más de una década SETI fue una palabra desterrada de su vocabulario. La época de la búsqueda con fondos públicos había terminado y empezaba la de la financiación privada.

En 1984 se había creado el Instituto SETI de la mano de Frank Drake para que sirviera de subcontratista con bajos gastos estructurales para las ayudas oficiales a SETI. Fue esta organización sin ánimo de lucro la que recogió la antorcha del HRMS de la NASA y en 1995 lanzó el proyecto *Phoenix*. Terminado en 2004 y con un presupuesto de cuatro millones de dólares anuales, observó 710 estrellas cercanas y realizó una búsqueda por todo el cielo en busca de señales. El resultado final fue el mismo de siempre: silencio.

Salvo este proyecto, a lo largo de los últimos años del siglo pasado SETI fue languideciendo. Con la llegada de este siglo, el otrora flamante Instituto SETI empezó una época de vacas flacas y en 2012 tuvo que pedir a su gran animal mediático, la radioastrónoma Jill Tarter, directora desde hacía tres décadas del Center for Search for Extraterrestrial Intelligence, que dimitiera de su puesto para dedicarse en cuerpo y alma a la búsqueda de financiación y donaciones que pudieran mantener el programa. Tarter era la mejor opción para este trabajo: no solo llevaba toda su vida profesional dedicada a buscar por el universo señales de vida inteligente, sino que fue lanzada al estrellato por el mismísimo Carl Sagan en su novela *Contacto*, al inspirarse en ella para crear a su protagonista, Ellie Arroway.

Pero con la llegada de la segunda década del siglo XXI, algo empezó a cambiar. Como los ojos del Guadiana, el mundo de los extraterrestres empezó a reaparecer. ¿Había vuelto la *extraterrestremanía*?

DE SETI A LA ASTROBIOLOGÍA
Y VUELTA A EMPEZAR

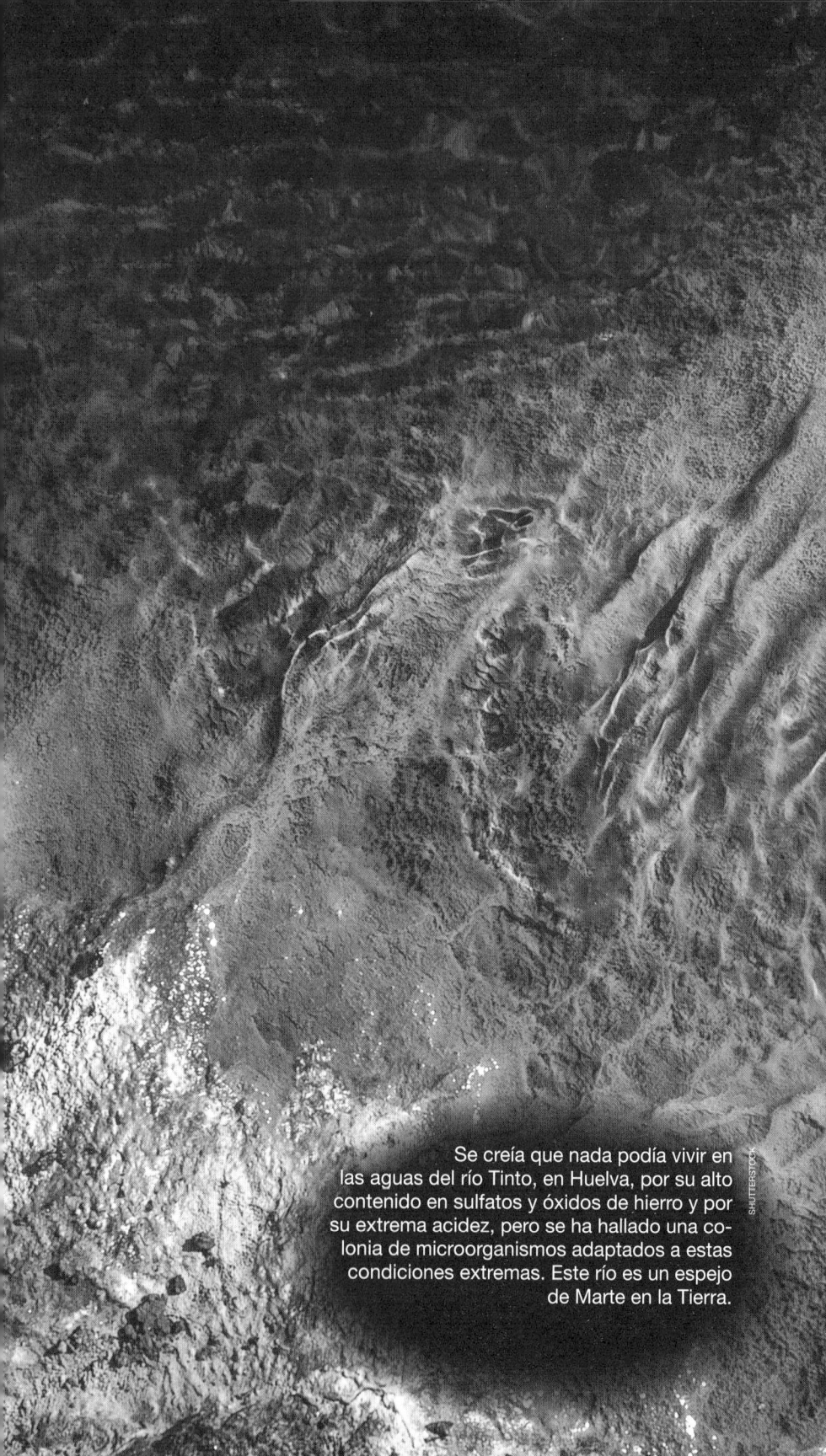

Se creía que nada podía vivir en las aguas del río Tinto, en Huelva, por su alto contenido en sulfatos y óxidos de hierro y por su extrema acidez, pero se ha hallado una colonia de microorganismos adaptados a estas condiciones extremas. Este río es un espejo de Marte en la Tierra.

SHUTTERSTOCK

A mediados de la década de 1990, la NASA se enfrentaba a un recorte masivo por parte del Congreso. En 1994 el administrador de la agencia, Daniel Goldin, había enviado un informe en el que planteaba una reducción de 15 000 millones de dólares en cinco años. Un ajuste considerable, teniendo en cuenta que la NASA gastaba entonces 14 000 millones de dólares anuales. Dos años más tarde tuvo que volver a reducir el presupuesto, rediseñando la Estación Espacial Internacional y cancelando proyectos. Era la época del «bueno, bonito y barato» de la investigación espacial.

El aire olía a desastre en todos los centros de la agencia espacial norteamericana. En particular había un campo que no se las prometía muy felices: las ciencias de la vida. Los pocos recursos disponibles se dedicarían a misiones específicas y, sabiendo que la NASA está dominada por físicos e ingenieros, las cuestiones relacionadas con la biología tenían poco futuro. Pero entonces Lynn Harper, directora de la Advanced Life Support Division del NASA Ames Research Center tuvo una luminosa idea. Diseñó toda una nueva estrategia donde defendía que la investigación interdisciplinar era más importante, e incluso más productiva, que las tradicionales estructuras encorsetadas de la ciencia. Este enfoque iba a permitir que el Ames se dedicara a un único tema: la vida en el universo. Y la jugada funcionó.

Desde la creación de la Oficina de las Ciencias de la Vida en 1960, la NASA había asumido como propia la búsqueda de vida fuera del planeta Tierra. Entonces se llamaba *exobiología*, un término acuñado por el genetista y Premio Nobel de Medicina Joshua Lederberg en su artículo «Exobiology: Experimental Approaches to Life Beyond Earth», publicado aquel año en la prestigiosa revista *Science*. Desde el mismo momento de su creación, las burlas no cesaron y los críticos no dejaron de recordar que se trataba de la única ciencia sin objeto de estudio. Si se quería que la nueva estrategia prosperase había que dar un giro de ciento ochenta grados y deshacerse de ese nombre con una fuerte carga negativa. El nuevo término era *vida en el universo,* y ese énfasis en la biología fue lo que más convenció a Daniel Goldin.

El nacimiento de una nueva ciencia

En los primeros meses de 1995 el Ames Research Center escapó al desastre. El golpe de timón fue impresionante: de un drástico y casi mortal recorte pasó a liderar un nuevo programa de investigación: la astrobiología. Había que definirla y en el Plan Estratégico de la NASA de 1996, el primer documento oficial donde apareció ese nombre, se definió como «el estudio del universo vivo» dirigido a tres temas: el origen y distribución de la vida en el universo, el papel de la gravedad en los sistemas vivos y el estudio de la atmósfera terrestre y sus ecosistemas. Todos ellos ya estaban funcionando en la NASA, pero el toque del chef era la interdisciplinareidad: compartir conocimientos y recursos en busca de nuevos caminos.

Tras el golpe de timón llegó el golpe de suerte. En aquel momento, dos noticias que llenaban las páginas de los periódicos dieron alas a esta nueva ciencia. La primera, el anuncio del descubrimiento del primer planeta orbitando alrededor de una estrella, 51 Pegasi. La segunda, que Marte había albergado vida en algún momento de su historia.

El impacto mediático de la rueda de prensa del meteorito marciano significó un relanzamiento de las misiones espaciales.

Cuando la NASA anunció en 1996 que había encontrado un meteoro en la Antártida procedente de Marte con posibles restos de vida primitiva se relanzaron las misiones espaciales.

Ahora había un objetivo: descubrir si alguna vez hubo vida en Marte. La astrobiología se convirtió, por obra y gracia de una investigación fallida, en una ciencia de moda y en 1998, se creó el NASA Astrobiology Institute (NAI).

El enfoque era muy claro: colocar la vida en el contexto de la historia planetaria, buscar nuevos sistemas solares, analizar las firmas que dejaría la vida en un planeta y estudiar el pasado, presente y futuro de la vida. Para el primer director del NAI y premio nobel de medicina, Baruch S. Blumberg, la astrobiología se apartaba radicalmente de las demás ciencias; en lugar de hiperespecialización exige mentes generalistas, científicos del Renacimiento. «Que un paleontólogo descubra una nueva forma de vida de hace mil millones de años en una roca de África tiene importantes consecuencias para un geólogo planetario que está estudiando Marte... se están formando las alianzas más dispares, y se derrumban las paredes que han encorsetado a la ciencia en sus disciplinas», afirman con rotundidad los astrobiólogos Peter Ward y Donald Brownlee. Del mismo modo, la llamada Revolución Astrobiológica tuvo su génesis en una serie de hallazgos realizados durante la segunda mitad del siglo XX. El primero de todos ellos fue el descubrimiento de que la vida es muy robusta.

LA VIDA SIEMPRE SE ABRE CAMINO

En 1964 el biólogo Thomas Brock se encontraba visitando el Parque Nacional de Yellowstone. Estaba interesado en la ecología de los microorganismos y descubrió, entre maravillado y sorprendido, vida microbiana en los manantiales de aguas termales. Al verano siguiente regresó y descubrió que había bacterias viviendo en manantiales donde la temperatura era de 82 °C. Nadie sabía que existían porque ningún biólogo pensaba que pudiera haber vida en agua hirviendo. Desde entonces se han

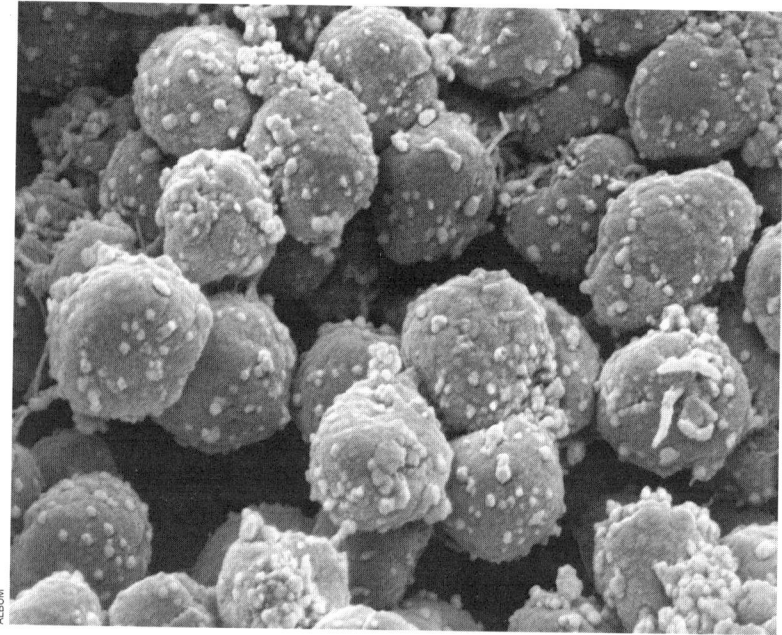

ALBUM

Micrografía electrónica de barrido (SEM) de arqueas, microorganismos unicelulares similares a las bacterias, pero evolutivamente distintas, que se encuentran en los ambientes más extremos del planeta. Los organismos extremófilos, adaptados a vivir en lugares que se creían inhabitables, aportan valiosísimas pistas sobre las formas que podría adquirir la vida en otros planetas.

descubierto multitud de microorganismos capaces de vivir en ambientes en los que se pensaba que nadie podría hacerlo: se han hallado criaturas que viven a 169 °C, otras se sienten a sus anchas en ácido sulfúrico puro, y las hay que se decantan por lugares en los que las concentraciones de sal son tan elevadas que impiden la vida al resto de los seres. Toda esta inmensa panoplia de organismos extremófilos demuestra que, una vez que surge, la vida acaba ocupando los lugares más insospechados, como a 3,5 kilómetros de profundidad en la corteza terrestre. Entre los diferentes organismo extremófilos descubiertos debemos resaltar los del río Tinto, en Huelva. No necesitan luz solar ni tampoco alimentarse de otros organismos para vivir; son quimilótrofos y les basta con oxidar compuestos inorgánicos formados por azufre y hierro, muy abundantes en la zona. No es descabellado pensar que entre los metabolismos más antiguos del planeta posiblemente estén los microorganismos del río Tinto.

Al nombre de Brock debemos unir el de Carl Woese, un físico apasionado por el mundo microbiano. Fue él quien, en 1977, puso sobre el tapete una nueva manera de entender la evolución de la vida al descubrir que ciertos microorganismos que se identificaban como bacterias realmente representaban un tercer dominio: las *arqueas*. Diferentes a las bacterias y las eucariotas (el dominio de donde cuelga toda la vida vegetal y animal), la mayoría de las arqueas no necesitan oxígeno para vivir, lo que las convierte en el candidato ideal para hacerse con el título de los primeros seres vivos sobre la Tierra.

Por otro lado, los astrobiólogos sospechan que en la luna de Júpiter Europa, un objeto cubierto por una capa de hielo que alcanza los cien kilómetros de espesor y bajo la cual hay un océano de agua salada, pueda haberse dado algún tipo de química prebiótica. Lo mismo sucede en el otro cuerpo-fetiche de los astrobiólogos de nuestro sistema solar: Titán. Este satélite de Saturno, que recibió la visita de la sonda *Huygens* en 2005, posee una atmósfera compuesta mayormente de nitrógeno y, en lugar de oxígeno y vapor de agua, metano. Es como una máquina del tiempo, pues nos permite estudiar las reacciones químicas que una vez fueron habituales en el sistema solar: hay todo un amplio abanico de moléculas orgánicas, desde hidrocarburos simples formados a partir del metano hasta aquellas formadas a partir del nitrógeno, como el ácido cianhídrico. Aunque la sonda *Huygens* no las detectara, probablemente haya otras moléculas complejas ocultas en el ubicuo *smog* que cubre por completo la superficie del satélite. ¿Es posible que tengamos a nuestra disposición dos grandes laboratorios naturales de química prebiótica?

La resurrección de SETI

Poco a poco la astrobiología ha dejado de ser «una ciencia sin objeto de estudio» (como la definió en sus inicios algún crítico) y se ha ganado su puesto en la ciencia convencional. Por eso, no es de extrañar que, al calorcillo de la astrobiología, reviviera el interés por SETI. El momento álgido sucedió el 20 de julio de 2015, en el aniversario de la llegada del *Apolo 11* a la Luna, cuando un multimillonario ruso, Yuri Milner, se dirigía a los científicos presentes en los salones de la institución científica más antigua del mundo, la Royal Society de Londres. Estaba flanqueado por el astrofísico y astrónomo real sir Martin Rees, el octogenario Frank Drake, la productora de televisión y viuda de Carl Sagan, Ann Druyan, y Geoffrey W. Marcy, el cazador de exoplanetas por antonomasia y hoy caído en desgracia por haber sido encontrado culpable de acoso sexual durante casi una década.

Ese día Milner, físico de formación, anunció que iba a donar cien millones de dólares para relanzar un programa que estaba pasando por unas de sus horas más bajas. Desde entonces y durante diez años, el proyecto del físico millonario, llamado *Breakthrough Listen,* pretende observar alrededor del millón de estrellas más cercanas a la Tierra, además de buscar rastrear las cien galaxias más próximas a la nuestra en busca de alguna señal en ondas de radio o láser que tenga un origen netamente inteligente. Para ello usa la tercera parte del dinero para obtener tiempo de observación en dos importantes radiotelescopios que ya han participado en proyectos similares en el pasado: el Parkes en Australia y el de Green Bank en Estados Unidos. A

SHUTTERSTOCK

La sonda *Huygens*, en la imagen, fue diseñada por la Agencia Espacial Europea para explorar la superficie y la atmósfera de Titán, la luna más grande de Saturno. Titán está en el punto de mira de los astrobiólogos pues se ha detectado en ella gran diversidad de moléculas orgánicas.

su vez, el Automated Planet Finder, un telescopio de 2,4 metros de espejo destinado a la búsqueda de planetas extrasolares del Observatorio Lick en California, se dedica a buscar señales ópticas provenientes de las posibles comunicaciones láser de otras civilizaciones.

El proyecto cuenta con los parabienes de un grupo de científicos (la mayoría astrónomos, y bastantes de ellos involucrados en SETI), astronautas y representantes de la cultura, que en su manifiesto de apoyo afirmaron: «Nunca ha habido un mejor momento para un esfuerzo internacional a gran escala para encontrar vida en el universo». De igual opinión era Stephen Hawking, que en la presentación del proyecto repitió el mantra que durante más de medio siglo llevan invocando incansablemente los defensores de SETI: «En un Universo infinito debe haber otras formas de vida. No hay una cuestión más importante. Es hora de comprometerse para encontrar la respuesta».

Y como todo nuevo nacimiento exige un nuevo nombre, Jill Tarter ha propuesto que es hora de cambiar el nombre a SETI: ahora debemos hablar de búsqueda de «tecnofirmas». Por su parte, otro de los grandes nombres de SETI, Seth Shostak, apuesta por buscar, por toda la galaxia, las comunicaciones entre inteligencias artificiales generales (un tipo hipotético de inteligencia artificial que supera las capacidades humanas en la mayoría de las tareas económicamente valiosas). Estas IAG, capaces de explorar el universo en busca de recursos y con una enorme necesidad de energía, no necesitan asentarse en un planeta habitable según los estándares biológicos, sino en lugares cerca de estrellas muy luminosas de donde puedan extraer la energía que necesitan. Por eso, razona Shostak, quizá SETI debería incluir estrellas luminosas y masivas en su búsqueda.

SETI está plagado de propuestas entre exóticas y extravagantes para buscar seres en otros planetas: estrellas con curvas de luz no explicables por causas naturales, localizar extrañas emisiones en el infrarrojo, buscar pulsos de rayos X anómalos... Toda una panoplia de propuestas para intentar demostrar que no estamos solos en el universo, porque más de medio siglo de escucha sin otro resultado que el silencio pesa como una losa.

Por eso, enfrentados a la pregunta de por qué no captamos señales extraterrestres, los defensores de SETI tienen otra explicación: quizá no las estemos entendiendo. Esta es la opinión del director ejecutivo de Programas y Ciencia Avanzados de Roskosmos (la agencia espacial rusa), Alexander Bloshenko: «Es muy posible que algunas señales, basadas en principios no clásicos e incomprensibles para nosotros, estén pasando por la Tierra». Por su parte, los neuropsicólogos Gabriel de la Torre y Manuel García Sedeño de la Universidad de Cádiz publicaron en 2018 un artículo en el que discutían que quizá estén llegando señales de otras civilizaciones y no seamos capaces de percibirlas: «Cuando pensamos en otros seres inteligentes tendemos a verlos desde nuestro tamiz perceptivo y de consciencia, sin embargo estamos limitados por nuestra visión *sui generis* del mundo», comentaba De la Torre. Según estos científicos españoles podemos tener una especie de ceguera de atención hacia ET: estamos tan atentos en buscar el tipo de señal que esperamos encontrar que somos incapaces de captar las señales reales. Sería algo así como una repetición del famoso experimento del gorila de los años 90.

El astrónomo y gran divulgador Seth Shostak se muestra firmemente convencido de que los científicos no tardarán en encontrar vida microbiana en nuestro sistema solar.

LOS EXTRATERRESTRES AL RESCATE DE LA HUMANIDAD

A pesar de todo, este SETI actual no es muy diferente del de mediados del siglo pasado. Seguimos encontrando muchísimos físicos e ingenieros y una clamorosa ausencia de biólogos. Además, lo que les motiva es lo mismo que movía a los pioneros de SETI, un sentimiento cuasirreligioso. Como señalara el físico John Tipler en 1980, los científicos de SETI están ansiosos por salvar a la humanidad gracias a la intervención milagrosa de los extraterrestres. Jill Tarter confesó en la reunión de la Sociedad Astronómica Americana celebrada en Hawái en enero de 2020 que, de alguna manera, lo que están buscando es una versión mejorada de nosotros mismos, y que un mensaje del cielo podría incluir los planos para un dispositivo que proporcionase energía barata y ayudar a aliviar la pobreza.

Este sentimiento no es nuevo: en 1971 Carl Sagan, en el discurso de inauguración de la conferencia de Armenia, recordó a los presentes que cualquier sociedad que contactara con nosotros sería claramente superior, pues llevaría existiendo más tiempo. Por tanto, sería más sabia y, gracias a su mayor conocimiento, nos podría ayudar a resolver los problemas que enfrenta la humanidad desde hace tiempo. Medio siglo después y casi sin querer, uno de los integrantes del *Breakthrough Listen*, el astrofísico Danny Price de la Universidad de California en Berkeley reveló lo que realmente es SETI: «Un reflejo de nosotros mismos y de nuestra tecnología».

Por eso, es pertinente recordar hoy lo que dijo en aquella famosa reunión de Armenia el historiador de la Universidad de Chicago William MacNeill: «En las discusiones de estos últimos días creo que he captado lo que podría denominarse una pseudorreligión o religión científica. No lo digo en sentido condenatorio. Fe, esperanza y confianza han sido siempre factores muy importantes en la vida humana y no es un error asirse a ellas y continuar con esa fe». Una fe que continúa intacta.

A la luz de su historia resulta evidente que SETI no es más que el producto emocional de las dos grandes superpotencias del siglo XX, y sus fuerzas directoras han sido la Guerra Fría, la carrera espacial y, por extensión, la pasión por los extraterrestres, nacida con el advenimiento del mito ovni en 1947. La prueba más palpable de ello es que, en su más de medio siglo de existencia, SETI solo ha conseguido reclutar a un puñado de científicos en el resto del mundo.

En busca de tecnofirmas extraterrestres

SHUTTERSTOCK

La búsqueda de artefactos o indicios del uso de tecnología (tecnofirmas) por civilizaciones avanzadas en otras galaxias ha abierto un nueva rama en la investigación SETI. En la imagen, una galaxia elíptica.

Entre las constelaciones estivales del Cisne y la Lira, a casi 1500 años luz de nosotros, se encuentra una estrella de nombre KIC 8462852, conocida como *estrella de Tabby* en honor a la primera persona en estudiarla, la astrofísica norteamericana Tabetha S. Boyajian. Se trata de una estrella cuyo brillo varía de forma absolutamente irregular, con pérdidas de hasta el 20 %, y nadie conoce el porqué. Se han propuesto varias hipótesis que explican semejante comportamiento, desde nubes de cometas a los restos de una colisión entre planetas, pasando por que estamos ante una estrella distorsionada debido a que rota muy deprisa. Pero la hipótesis más aventurada es que hemos detectado, al fin, una civilización extraterrestre.

Este enigma astronómico nos lleva a plantearnos una cuestión fundamental sobre las posibles civilizaciones extraterrestres: no se trata de si podemos o no contactar con ellas, sino de cómo hacerlo. O dicho de otro modo: suponiendo que existieran extraterrestres con deseos de comunicarse con otras civilizaciones de la galaxia, ¿cómo lo harían? Porque las falsas alarmas suceden con cierta frecuencia. La última fue el 15 de mayo de 2015, cuando unos astrónomos rusos detectaron con el radiotelescopio RATAN-600 situado en el Cáucaso una extraña radioemisión que parecía provenir de la estrella HD164595, de la que se sabe que posee un planeta del tamaño de Neptuno. Poco tiempo después llegó el desencanto: el origen de la misteriosa señal provenía de un antiguo satélite artificial soviético.

Para los defensores de la existencia de civilizaciones extraterrestres, la opción más sencilla es que para contactar con nosotros empleen ondas de radio. Claro que nuestra capacidad de detección de señales extraterrestres depende fuertemente de nuestra tecnología. En el universo podrían existir seres como los señores del tiempo de la longeva serie de ciencia ficción británica *Doctor Who*, una raza que ve todo lo que es, lo que fue, lo que será y todo lo que podría ser en el tiempo y en el espacio. Por desgracia contactar con ellos sería imposible: ni nosotros seríamos de su interés —salvo por cuestiones puramente antropológicas— ni habría manera de establecer una comunicación inteligible. ¿Hasta qué punto podremos detectar las señales enviadas por civilizaciones más inteligentes que la nuestra?

UNA CLASIFICACIÓN DE LAS CIVILIZACIONES GALÁCTICAS

Para empezar debemos echar mano de un artículo publicado en la revista *Astronomía Soviética* en 1964 y que se salía de todos los cánones conocidos hasta entonces. Su autor era un joven astrofísico ruso, Nikolai Kardashev, y en él proponía una clasificación de las posibles civilizaciones que pudieran existir en la galaxia. Conocidas desde entonces como las *Civilizaciones de Kardashev,* su idea partía de una observación obvia: el nivel tecnológico de una civilización se define por la cantidad de energía que consume. De este modo llamó de civilizaciones de tipo I a las que consumen tanta energía como la que recibe el planeta desde su estrella (entre 1016 y 1017 W); las de tipo II gastan tanta como emite su estrella (entre 1026 y 1027 W), y las de tipo III, tanta como la que emite su galaxia (entre 1037 y 1038 W). Kardashev también consideró en su clasificación cuál sería la capacidad de transmisión de información de cada uno de estos tipos de civilizaciones. Así, las de tipo II podrían enviar el contenido de 100 000 libros de formato medio a una distancia de 100 000 años luz en tan solo 100 segundos, mientras que una civilización de tipo III debería poder enviar la misma cantidad

ASC

Fotograma de *Doctor Who,* serie de ciencia ficción emitida durante las décadas de los 60, 70 y 80 y versionada en 2005. Su protagonista es un señor del tiempo, una raza extraterrestre, que recorre el universo en una nave espaciotemporal, *TARDIS (Time And Relative Dimension In Space).*

de información a una distancia de 10 000 millones de años luz (el radio del universo visible) en 3 segundos.

Años más tarde, Carl Sagan propondría dos mejoras a esta clasificación. La primera consistía en añadir decimales a los tipos de Kardashev, de modo que indiquen una diferencia de un orden de magnitud en el consumo energético: una civilización tipo 1,7 gastaría 1023 W, mientras que una tipo 2,3 generaría 1029. La segunda propuesta era alfabética: una civilización de clase A manejaría un millón de bits de información; otra de clase B, diez millones; la de clase C, cien millones, y así sucesivamente. De este modo, la nuestra sería una civilización tipo 0,7 H; una civilización galáctica sería III Q, y otra con capacidad para controlar una federación de cien millones de galaxias estaría clasificada como IV Z. Atendiendo a esto, ¿con qué civilizaciones podríamos contactar? Aquí la diferencia de pensamiento entre los rusos y los estadounidenses —producto de sus filosofías políticas— son muy marcadas: mientras que, para los segundos, las civilizaciones óptimas de contacto deberían tener un nivel tecnológico similar al nuestro, entre 1,5 J y 1,8 K, los rusos y exsoviéticos disparan por elevación: su búsqueda se concentra en civilizaciones de tipo II y III. Su línea de razonamiento es que las civilizaciones más avanzadas deben dejar una huella fácilmente visible por toda la galaxia, por ejemplo en forma de construcciones como una esfera de Dyson.

ESFERAS DE DYSON

Esta megaestructura estelar surge como respuesta a la pregunta de dónde puede sacar una civilización de tipo II toda la energía que necesita, que es tanta energía como la que emite su sol. Y no hay mejor lugar que exactamente ese, su propia estrella. Ese fue el razonamiento de Freeman Dyson cuando en 1959 publicó en la prestigiosa revista *Science* el artículo «Search for Artificial Stellar Sources of Infra-Red Radiation». Según este imaginativo físico, una civilización avanzada construiría una esfera hueca alrededor de su estrella para capturar toda la radiación que emitiese. En resumidas cuentas, la esfera de Dyson no es otra cosa que un «envoltorio» de células solares que rodea completamente a la estrella, como la piel de una manzana.

En el caso del sistema solar, tres son los posibles radios de este espectacular «cascarón»: a nueve millones de kilómetros del Sol, entre las órbitas de Mercurio y Venus o, como propuso originalmente Dyson, a la distancia de la Tierra al Sol. Claro que esto supone solventar dos pequeños inconvenientes: de dónde sacar los materiales para construirla —una esfera de Dyson situada a la distancia de la Tierra tendría un área interna de 183 mil billones de kilómetros cuadrados— y qué hacer con la Tierra, Venus y Mercurio. La solución al doble problema es única: si los planetas molestan, los quitamos. «Es posible desmenuzar planetas», escribió Dyson en 1966. Al triturarlos, obtendremos los materiales para construir la esfera y, si fuera necesario, podemos acabar con Júpiter. La destrucción del gigante gaseoso se podría llevar a cabo de dos formas: acelerándolo o volándolo. Lo primero se conseguiría recubriendo el planeta con cable superconductor. Debido a su campo magnético, Júpiter se convertiría en un motor eléctrico que empezaría a girar cada vez más deprisa hasta que la gravedad no sería capaz de mantenerlo estable. Pero el tiempo de espera sería casi eterno: unos 40 000 años. La voladura es una opción más aceptable. La cuestión no es reventarlo de manera incontrolada, sino del mismo modo que se hace al derribar edificios, solo que a lo grande: lo que se llama voladura termonuclear subatmosférica controlada. O sea, mediante cargas nucleares estratégicamente situadas en el interior de la atmósfera de Júpiter. Así tenemos la esfera de Dyson, un buen ejemplo de ingeniería estelar.

¿Realmente una hipotética civilización extraterrestre haría algo así? Evidentemente es imposible saberlo, pero semejante ejercicio de especulación científica ha sido tomado en serio por algunos defensores de SETI, que han analizado la manera de detectar este tipo de megaestructuras. Como una esfera de Dyson sería una potente fuente de radiación infrarroja, en los años 80 y 90 se realizaron búsquedas en la base de datos del satélite de infrarrojo europeo IRAS con el objetivo de descubrir estrellas con un pico de emisión en esta zona del espectro electromagnético. Además, en 1992 se realizó un pequeño programa de observaciones (21 horas al mes) con el interferómetro infrarrojo del observatorio del monte Wilson con la esperanza de descubrir estas construcciones o, en su defecto, emisiones en forma de haces infrarrojos de posibles civilizaciones extraterrestres. Por supuesto, el resultado fue nulo.

IDEAS VARIOPINTAS CON NULOS RESULTADOS

En 1961 el inventor del máser (el láser de microondas), Charles Townes, propuso que podía utilizarse para comunicaciones interestelares. Cuatro años más tarde, el ingeniero electrónico Monte Ross argumentaba que las civilizaciones avanzadas podían usar como sistema de comunicación pulsos láser de alta energía con duración de nanosegundos, pues «pueden transmitir más información por fotón recibido (que las emisiones de radio)». En 1987 y en 1993 algunos se tomaron en serio estas ideas y se realizaron observaciones utilizando el instrumento MultiChannel Analyzer of Nanosecond Intensity (MANIA),

151

Las rezagadas azules son estrellas que aparentan menos edad de la que les correspondería por el cúmulo estelar al que pertenecen. H. Reeves sugirió la posibilidad de que ciertas civilizaciones avanzadas hubieran encontrado la manera de mantener estas estrellas vivas durante más tiempo.

desde el telescopio ruso de seis metros BTA-S en el Cáucaso. Años antes, en 1974, H. Wischnia utilizó el Orbiting Astronomical Observatory (OAO), una serie de cuatro observatorios lanzados por la NASA entre 1966 y 1972, para buscar pulsos láser en esta banda del espectro alrededor de las estrellas Épsilon Eridani, Tau Ceti y Épsilon Indi.

Después esta idea durmió el sueño de los justos hasta que, en la década de 1990, el ingeniero electrónico Stuart Kingsley comenzó a observar sistemáticamente el cielo con el telescopio que tenía en el jardín de su casa. Desde entonces distintas universidades, como Harvard, Princeton o la de California en Berkeley, utilizan los telescopios que tienen a su alcance para intentar descubrir civilizaciones que usen este tipo de comunicación.

El problema a la hora de mandar un «¡estoy aquí!» es el enorme coste energético que eso supone, además de que su alcance es limitado. ¿Podrían intentar llamar nuestra atención de otra manera? En la década de 1960, dos de los padres de SETI, Frank Drake y Iósif Shklovski, propusieron que si una civilización avanzada quisiera anunciar su existencia al universo, podría arrojar isótopos de vida corta en una estrella. Drake proponía el tecnecio como el elemento más útil para este propósito: no se encuentra en la Tierra y hay muy poco en el Sol porque tiene una vida corta, pues la forma más estable de este elemento químico decae radiactivamente tras 20 000 años. Para poder detectarlo en el espectro de una estrella habría que arrojar 130 000 toneladas en la fotosfera.

Explorando esta posibilidad, en 1980 Whitmire y Wright consideraron las consecuencias observacionales de que las civilizaciones galácticas utilizaran su estrella local como vertedero radiactivo para sus productos de fisión. Sugirieron realizar un seguimiento de estrellas A5-F2 buscando anomalías en la sobreabundancia de elementos como el praseodimio o el plutonio, la presencia de tecnecio o plutonio y una relación alta de bario o zirconio. Siguiendo estas ideas, Philip Morrison propuso convertir nuestro Sol en una especie de faro colocando una nube de partículas a su alrededor con una masa total comparable a la de un cometa. La nube bloquearía la luz de forma que en la distancia haría parpadear a nuestra luminaria con un periodo igual a la órbita de la nube. Partículas de un micrón de tamaño sería suficientes para conseguirlo y cada pocos meses moveríamos la nube para modificar el patrón de señales, unos cambios quizá diseñados para representar ecuaciones algebraicas.

Por su parte, en 1985, el astrofísico Hubert Reeves especuló acerca del origen de unas misteriosas estrellas que reciben el nombre de rezagadas azules. Estos astros, descubiertos en 1952, aparentan tener una edad menor que las del sistema estelar al que pertenecen. Es más, no deberían seguir brillando, sino que tendrían que haberse convertido ya en gigantes rojas, como las del resto del cúmulo al que pertenecen. Reeves sugirió que tal vez algunas civilizaciones avanzadas hubieran encontrado la forma de mantener la quema de hidrógeno del núcleo durante más tiempo que el que le corresponde a la estrella antes de pasar a la fase de gigante roja. El astrónomo Martin Beech profundizó en esta idea y sugirió una serie de mecanismos que permitirían mezclar el material de la envoltura, donde no hay reacciones nucleares, con el del núcleo, y así prolongar la vida de la estrella. Uno era crear un «punto caliente» entre el núcleo y la superficie mediante la detonación de bombas de hidrógeno o disparando láseres extremadamente potentes sobre un punto concreto de la fotosfera; otro, incrementar la velocidad de rotación o la intensidad de su campo magnético, lo que provocaría una mezcla de material que permitiría a la estrella mantenerse estable durante más tiempo que el que le correspondería por su masa y luminosidad.

Y ya que hablamos de armamento nuclear, ¿no podrían los ET usar su arsenal —si es que lo tienen— para hacernos señales? Esto es lo que propuso J. L. Elliot en 1973. Para ello estimó a qué distancia nuestros satélites astronómicos de rayos X podrían haber detectado el test nuclear Starfish Prime realizado sobre el Pacífico por Estados Unidos el 9 de julio de 1962: el resultado fue 400 unidades astronómicas o, lo que es lo mismo, diez veces la distancia de Plutón al Sol. Suponiendo que todo el potencial nuclear del planeta se hiciera estallar en una megaexplosión en el espacio, esta se vería a una distancia de 190 años luz. El profesor de Astronomía de la Universidad de Cambridge Andrew C Fabian sugirió en 1977 que una supercivilización de tipo II o III podría dejar caer material a una estrella de neutrones. Si el 10 % de la masa se convierte en radiación, esencialmente rayos X, solo sería necesario arrojar un objeto de un kilómetro de tamaño y una masa de diez billones de kilos (un asteroide o un cometa) para producir un pulso de rayos X visible por toda la galaxia.

Otra forma de encontrar civilizaciones es buscar, por ejemplo, sus naves espaciales. Ya que los motores tienen que proporcionar una velocidad que sea una fracción de la de la luz, pues es la única manera de que el viaje sea asumible, estos deben deben producir grandes cantidades de rayos gamma. Por tanto, podríamos buscar este tipo de radiación en el espacio que no estuviera asociada a procesos naturales. De hecho, sería fácilmente reconocible debido a su movimiento propio: la velocidad detectada sería cientos de veces mayor que la de las fuentes de rayos gamma naturales. El único problema es que las naves son relativamente pequeñas para la capacidad de resolución de nuestros telescopios. Podríamos detectarlas, pero no identificarlas como tales. En el mejor de los casos, seríamos capaces de hacerlo si la nave se encontrara, como mucho, a mil años luz. A pesar de todo, a principios de los 90 se estudiaron las observaciones realizadas entre 1978 y 1980 buscando «extraños» alineamientos de emisiones de rayos gamma que revelaran el movimiento de una nave por el espacio: nada. ¿Y los misteriosos *gamma ray burst,* explosiones de rayos gamma, las más energéticas del universo conocido? Aunque la inmensa mayoría están perfectamente identificadas como fenómenos naturales, el escritor de ciencia ficción Arthur Clarke sugirió, medio en broma medio en serio, que algunas podían ser accidentes industriales de supercivilizaciones extraterrestres.

MENSAJES OCULTOS EN EL ADN

¿Y si los ET ya nos han mandado mensajes físicamente? Una forma de enviar comunicados es usar una especie de Pony Express cósmico, pero no con vaqueros sino con microorganismos tales como bacterias o virus. Codificar un mensaje en su ADN tendría la ventaja de ser autorreplicante y mantenerse activo durante mucho tiempo. De hecho, no es complicado de hacer: prácticamente todos los equipos de biotecnólogos que manipulan genomas en nuestro planeta no se han podido resistir a la tentación de dejar su «firma» en los genomas que han manipulado.

Los primeros en buscar un mensaje extraterrestre codificado en el ADN de un microorganismo fueron los japoneses Hiromitsu Yokoo y Tairo Oshima a mediados de la década de 1970. Estaban intrigados por una peculiar característica que mostraba el genoma del bacteriófago ϕX174, un virus que infecta a la famosa *E. coli* y que, precisamente debido a su asociación con la famosa bacteria, a su pequeño tamaño y a su abundancia, se convirtió en una superestrella de la biología molecular. Los 5386 pares de bases del genoma del bacteriófago han sido mapeados, mutados, secuenciados, sintetizados y rediseñados desde los años 50. Su genoma fue totalmente secuenciado en 1977, lo que desveló la peculiaridad que llamó la atención de Yokoo y Oshima: algunos de sus genes están localizados dentro de las secuencias de otros genes. ¿Podría ser algo no natural, producto de inteligencias ET? Y si así fuera, ¿habría algún mensaje escondido en los 121 aminoácidos (curiosamente, el cuadrado de 11, un número primo) de uno de esos genes solapados? Sea como fuere, Yokoo y Oshima no consiguieron convertir el cuadrado 11 × 11 de la proteína B en un comunicado alienígena. Pero no fue el último intento. En 1986 Hiroshi Nakamura buscó exactamente lo mismo en los genes superpuestos del virus cancerígeno SV40 que codifican las proteínas VP1, VP2 y VP3. Los 235 codones (cada grupo de tres nucleótidos que codifica un amnioácido) producto de los primos 5 y 47, permitieron a Nakamura crear un mapa de lo que parecía la constelación de Eridani, donde se encuentra la famosa Épsilon Eridani, una de las dos primeras estrellas en la que se buscaron emisiones de radio extraterrestres por parte de Frank Drake y con las que nació SETI.

Pero codificar mensajes en el genoma de virus y bacterias no es un buen camino para comunicarse con otras civilizaciones: no solo hay que esperar a que los futuros seres inteligentes aprendan ingeniería genética, lo que lleva su tiempo, sino que sería imposible evitar la destrucción del mensaje debido a las continuas mutaciones que sufren en su código genético. Claro que hay otra forma más directa de contactar con nosotros: enviando sondas de exploración. En particular, las llamadas sondas de Von Neumann.

Naves espaciales autorreplicantes

En 1940 el genio matemático John von Neumann demostró que los autómatas autorreproductores eran posibles, esto es, que no existía ningún condicionante teórico que prohibiera este tipo de máquinas. Dos décadas más tarde, el profesor de Ingeniería Eléctrica en la Universidad de Standford Ronald N. Bracewell señaló que, si las civilizaciones avanzadas estuvieran interesadas en encontrar vida en el universo, su mejor estrategia sería enviar sondas automáticas a las estrellas candidatas y esperar la aparición de una civilización tecnológica en alguno de los planetas

ASC

Un estallido de rayos gamma es una explosión sumamente energética que emite una intensa radiación unos segundos. Se relaciona con la fusión de dos estrellas de neutrones o con una supernova en una galaxia lejana. O quizás sea un accidente nuclear en una civilización lejana.

que la orbitan. Si fuera ese nuestro caso, en el momento en que llegásemos al punto tecnológico de realizar emisiones de radio, las sondas usarían esas mismas emisiones para llamar nuestra atención. Como escribió en la revista *Nature* en 1960: «Para estar seguros de que una señal de radio pueda penetrar nuestra ionosfera y se encuentre en una banda que estemos usando, la sonda primero escucharía nuestras señales y las repetiría; para nosotros sería como recibir ecos de largo retardo, como los reportados hace treinta años por Størmer y Van der Pol y nunca explicados». A lo que se refería Bracewell es al misterio más extraño y enigmático de las primeras épocas de las emisiones de radio de onda corta.

El 29 de febrero de 1928 el físico noruego de la Universidad de Oslo Carl Størmer, recibió una carta del ingeniero Jørgen Hals en la que le contaba: «A finales del verano de 1927 escuché repetidamente señales de onda corta procedentes de la estación transmisora PCJJ de Eindhoven [PCJJ fue la primera estación de radio de onda corta de Europa, comenzó sus emisiones en marzo de 1927]. Escuché el eco habitual cuando la señal da la vuelta a la Tierra 1/7 de segundos más tarde, pero también un eco más débil 3 segundos después de la señal

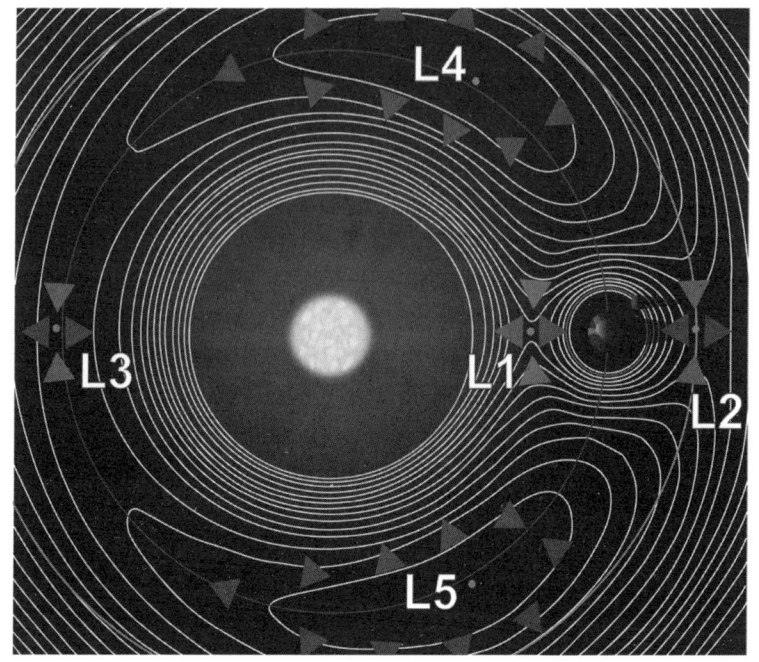

Este gráfico muestra los cinco puntos de Lagrange (L1-L5) en el sistema Tierra-Sol. Representan las zonas en las que las fuerzas gravitatorias que ejercen ambos cuerpos celestes se equilibran, lo que permite estacionar un artefacto espacial. De hecho, en el punto L1 y L2 del sistema Tierra-Sol están situados varios telescopios y observatorios espaciales, como el ACE y el James Webb.

principal. De dónde venía no puedo decir nada; solo puedo confirmar que lo escuché».

El físico holandés y experto en la propagación de las ondas de radio Balthazar van der Pol se sintió intrigado y decidió ayudar a Størmer y a Hals. Durante dos años sus experimentos incluyeron transmisiones de prueba desde los Países Bajos y, en ocasiones, desde Indonesia. El resultado más espectacular se obtuvo el 24 de octubre de 1928: se recibieron ecos de la señal pactada —tres puntos de morse en rápida sucesión cada 30 segundos a una longitud de onda de 31,4 metros (9,55 MHz)— tanto en Oslo como en dos estaciones de Eindhoven. Van der Pol recibió en Holanda 9 ecos, retrasados de sus respectivas señales entre 3 y 30 segundos; en Oslo, 20 ecos. También los escuchó en el Reino Unido un grupo dirigido por Edward Victor Appleton (un físico que recibiría el Premio Nobel en 1947 por sus estudios de la ionosfera). ¿De dónde venían? No lo sabemos.

Algo parecido sucedió el 7 de julio de 1974 cuando H. L. Rasmussen estudiaba la reflexión de las ondas de radio en la superficie de la Luna. La metodología es bien sencilla: enviar una serie de señales hacia nuestro satélite y esperar 2,6 segundos a recibirlas reflejadas. «De pronto apareció una segunda señal retrasada unos 2 segundos. Tenía las mismas características que la reflejada, solo que era más débil». La señal fantasma apareció en diferentes ocasiones ese día, pocos segundos después de recibir la reflejada por la Luna. Rasmussen postuló en la revista *Nature* que podía tratarse de una segunda reflexión en un chorro de plasma solar, pero todavía sigue sin explicación.

Este fenómeno lanzó una nueva vertiente de SETI: la búsqueda de artefactos extraterrestres (SETA), impulsada en las décadas de 1970 y 1980 por el experto en nanotecnología Robert Freitas, Jr. Tres fueron las campañas que buscaron naves aparcadas en los puntos de Lagrange del sistema Tierra-Luna, los únicos lugares que permiten órbitas gravitacionalmente estables. En ellas se buscaron objetos brillantes que reflejaran la luz del Sol, pero no se encontró ninguno que tuviera un tamaño superior a algunos metros de diámetro.

Más recientemente tenemos propuestas más coloristas, como las del físico Paul Davies en su libro *The Eerie Silence: Renewing Our Search for Alien Intelligence*. En él habla de nuevas formas de comunicación tales como manipular los púlsares para que funcionen como faros galácticos o el uso de los neutrinos para enviar señales que, en realidad, no son más que un regreso a la doctrina soviética. De igual modo, la propuesta del físico Dick Carrigan, ya jubilado del famoso Fermilab de Chicago, de buscar signos de contaminación en las atmósferas de planetas tipo terrestre, rememora la doctrina americana.

Resulta curioso que las propuestas de finales del siglo XX y principios del XXI sean una mezcla de ambos enfoques de la Guerra Fría: con el desplome del modelo comunista ya podemos dejar la puerta abierta a un sincretismo de posturas.

EL GRAN SILENCIO

Un agujero negro es un buen reflejo de la ausencia de pruebas que constaten la existencia de civilizaciones extraterrestres.

SHUTTERSTOCK

S i existen, ¿dónde están?». Así de directo fue el premio nobel de física Enrico Fermi en 1950. Considerado por muchos el físico más completo del siglo XX (podía moverse con facilidad del terreno teórico al experimental), era famoso entre sus colegas por su habilidad de ver directamente cuál era el meollo del problema y plantearlo en términos sencillos. A sus estudiantes solía atormentarlos con preguntas aparentemente imposibles de resolver. Las llamadas «preguntas de Fermi» involucran el cálculo rápido de cantidades que parecen imposibles de estimar dada la limitada información disponible. Un ejemplo fue su cálculo del poder de la bomba atómica detonada en Alamogordo basándose en la distancia recorrida por los papeles que sostenía en la mano y que salieron despedidos con la explosión. La ecuación de Drake, por ejemplo, podemos considerarla una pregunta de Fermi.

En el verano de 1950 Fermi se encontraba de visita en el Laboratorio Nacional de Los Álamos, el lugar donde se pergeñó la bomba atómica. Un día, yendo de camino al Fuller Lodge para almorzar junto con los físicos Edward Teller (padre de la bomba de hidrógeno) y Herbert York, la conversación giraba sobre el tema de moda en aquellos años, los ovnis, y sobre si podrían viajar más rápido que la luz. Entonces Fermi le preguntó a Teller cuál sería la probabilidad de que tuviéramos pruebas del viaje superlumínico para 1960. Teller le respondió que una en un millón, lo que Fermi consideró una probabilidad demasiado baja: para el italiano sería de una entre diez. Fue entonces cuando Fermi preguntó: «¿Dónde está todo el mundo?». Hizo unos cuantos cálculos y llegó a la conclusión de que, si los ET existieran, ya deberían habernos visitado hace tiempo y varias veces. Entonces, ¿por qué no los hemos visto?

FERMI LANZA UN DESAFÍO

Conocida desde entonces como la *paradoja de Fermi*, su planteamiento refleja el conflicto que aparece entre la convicción de quienes creen que hay una gran probabilidad de que existan extraterrestres con su clamorosa ausencia, que constatamos cada vez que levantamos la vista al cielo. Para Fermi era obvio que, si una especie inteligente desarrollara la tecnología necesaria para viajar por el espacio, tarde o temprano acabaría llegando a la Tierra. Como no tenemos pruebas de tales visitas, los extraterrestres no pueden existir.

De igual modo, el imaginativo físico Freeman Dyson, del Instituto de Estudios Avanzados de Princeton, creía que, si realmen-

Los lemmings, como el de la imagen, son pequeños roedores con un ciclo reproductivo bastante corto. Suelen habitar en Norteamérica y en algunas regiones de Eurasia.

te existieran civilizaciones avanzadísimas y por alguna chiripa cósmica no hubieran llegado aún a nuestro barrio galáctico, sabríamos de su existencia porque la galaxia parecería menos «salvaje» y un poco más «ordenada». Dyson pensaba que esos extraterrestres habrían cambiado el aspecto de su entorno galáctico del mismo modo que nosotros hemos modificado el paisaje de nuestro planeta: cualquiera puede diferenciar un bosque virgen del producto de una reforestación por el alineamiento poco «natural» de los árboles.

Por tanto, ¿debemos concluir que, si no los vemos, significa que no existen? Para Robert A. Freitas Jr., experto en nanorobots e investigador del Institute for Molecular Manufacturing de California, decir eso es un error. Para ilustrarlo pone el ejemplo de los lemmings. Cada hembra tiene tres camadas al año de alrededor de ocho crías. Eso quiere decir que, en pocos años, la masa total de lemmings podría llegar a ser como la de toda la biosfera del planeta, es decir, la Tierra tendría que estar plagada de lemmings, pero aquí, en España, no los vemos. Por tanto, deberíamos concluir que no existen. Para Freitas, el razonamiento de la paradoja de Fermi descansa en dos premisas: la primera es que, si existen los ET, deberían estar aquí. La segunda, que, si están aquí, deberíamos observarlos. Pero «deberíamos» no significa «debemos». El argumento de Freitas y de muchos defensores de SETI es que la ausencia de pruebas no es prueba de ausencia. Claro que eso también podría decirse del monstruo del lago Ness.

¿Cómo podemos estar seguros de que no están ya por aquí (olvidándonos de los ovnis, producto de nuestra peculiar excentricidad cultural)? Para Freitas es un error pensar que no hay sondas de exploración extraterrestres solo porque no las hemos visto; sobre todo porque no las hemos buscado. Suponiendo que las sondas tienen un tamaño de 1 a 10 metros, ¿cuántos de los 100 000 millones de kilómetros cuadrados del sistema solar hemos explorado con esa resolución? Un 0,001 %. Por eso, defiende Freitas, debemos realizar una búsqueda activa de estos artefactos antes de decidir que no los hay.

La hipótesis del zoo y otras sugerencias
más o menos disparatadas

Pero si realmente estuvieran aquí, ¿por qué no se han dado a conocer? Algunos científicos piensan que no lo hacen porque no quieren interferir. Esta es la conocida como *hipótesis del zoo*, propuesta por primera vez en 1973 por John A. Ball en la revista *Icarus*. En realidad, esta idea ya había sido avanzada por los escritores de ciencia ficción Olaf Stapledon en *El hacedor de estrellas* (1937) y Arthur C. Clarke en *El fin de la infancia* (1953), y por la directiva principal de la mítica serie *Star Trek*, donde se dice que la Federación no debe interferir en el desarrollo natural de un planeta.

Para el ingeniero Ronald N. Bracewell, los ET se mantienen en un discreto segundo plano esperando que desarrollemos el nivel tecnológico necesario para pertenecer a su exclusivo «Club Galáctico». Esta idea también apareció en la prestigiosa revista *Science* en 1977. Allí T. B. H. Kuiper y M. Morris argumentaron que entre los motivos para evitarnos estaba el choque cultural que dicho contacto significaría. Y añadían una nueva vuelta de tuerca a la idea del Club Galáctico: no contactarán hasta que alcancemos cierto nivel intelectual y así evitar «extinguir la única cosa en este planeta que podía tener algún valor para los extraterrestres». En 1987 el experto en terraformación Martyn Fogg proponía una versión expandida de la hipótesis del zoo: todos los planetas que albergan vida, no solo la Tierra, están prohibidos para civilizaciones tecnológicas avanzadas por alguna especie de acuerdo galáctico. Dejan en paz nuestro planeta como apuesta de futuro para obtener información sobre el surgimiento de una civilización sin interferencias.

La colorista hipótesis del zoo, que convierte a los extraterrestres en una especie de hermanos mayores, ha sido atemperada por Freitas al afirmar que no tienen por qué tenernos en cuenta. Tal vez haya sondas en nuestro sistema solar, pero no tienen entre sus prioridades enviarnos mensajitos: hacen su trabajo y, simplemente, nos ignoran. Que las descubramos o no es cuestión nuestra; los ET no son proactivos a la hora de darse a conocer.

ASC

Telescopios alineados pertenecinetes al Terrestrial Planet Finder («Buscador de Planetas Terrestres»), programa de la NASA que incluía la construcción de un sistema de telescopios diseñado para la búsqueda de exoplanetas. No salió adelante por falta de financiación.

Más ocurrentes son otras propuestas para dar solución a la paradoja de Fermi. Una de las más divertidas es la llamada *vecindario de renta antigua*: vivimos en una zona bastante aburrida de la galaxia, con pocas cosas interesantes, y los ET prefieren acercarse a lugares más atractivos, como el centro galáctico. Otra es la *hipótesis de la cuarentena*: creen que somos una especie muy peligrosa y nos mantienen aislados. Pero la más alucinante es la *hipótesis de las sondas mortíferas:* hay una civilización avanzadísima que no quiere competidores por el control de la galaxia. Para ello mandan sondas autorreplicantes de exploración y, si detectan una civilización capaz de surcar el espacio, la sonda busca un cometa o asteroide bien gordo, se adhiere a él y lo dirige contra el planeta. Imaginación al poder. Por su parte, Freitas no se arredra ante esta vorágine de explicaciones imposibles. Como es obvio que no tenemos ninguna prueba de que haya civilizaciones genuinamente galácticas, propone su *hipótesis de la desaparición de civilizaciones con impulsos voraces*, «un cáncer sin propósito de explotación tecnológica»: no existen porque algún tipo de mecanismo de selección desconocido las elimina.

La paradoja de fermi no es una cuestión trivial

En medio de este mar cósmico de excusas, algunas producto de una ciencia ficción mal digerida, surgen voces que afirman que la paradoja de Fermi solo lo es para quienes creen en las civilizaciones extraterrestres. El mejor análisis sobre el tema lo hizo el astrónomo Michael H. Hart en un artículo publicado en 1975 en la revista *Quarterly Journal of the Royal Astronomical Society*. En él demostraba que la pregunta de Fermi no era una *boutade* y hacía un análisis riguroso del problema.

Una posible explicación es que no hayan llegado porque el viaje espacial es inviable. Por supuesto no es lo mismo que pasear por el jardín de casa, pero hay medios para evitar el problema. Tenemos la animación suspendida, ya sea mediante criogénesis u otras técnicas bien conocidas desde la película *Alien*. Es obvio que no sabemos cómo congelar a seres de sangre caliente, pero… ¿quién ha dicho que los ET deban tenerla? Tampoco hay razón alguna para creer que su esperanza de vida sea parecida a la nuestra. ¿Por qué no pueden vivir tres mil años? Si así fuera, dedicar doscientos a un viaje interestelar no parece demasiado. Otras alternativas son el viaje a velocidades cercanas a la de la luz, pues entonces el tiempo pasa más despacio, enviar sondas automáticas con embriones congelados dispuestos a desarrollarse en cuanto se encuentre un planeta viable, o los viajes generacionales, propuestos por primera vez en 1929 por el padre de la cristalografía de rayos X, John D. Bernal, en su obra *The World, the Flesh & the Devil*: diferentes familias se embarcan en un viaje que durará siglos y serán sus descendientes los que terminen la misión.

Ahora bien, quizá a los extraterrestres no les atrae eso de mandar naves por el espacio, o quizá visiten nuestro planeta pero no quieran darse a conocer por los motivos que sean. Para Hart estas contraexplicaciones no tienen sentido, pues pecan del mismo problema: suponen que todas las razas extraterrestres,

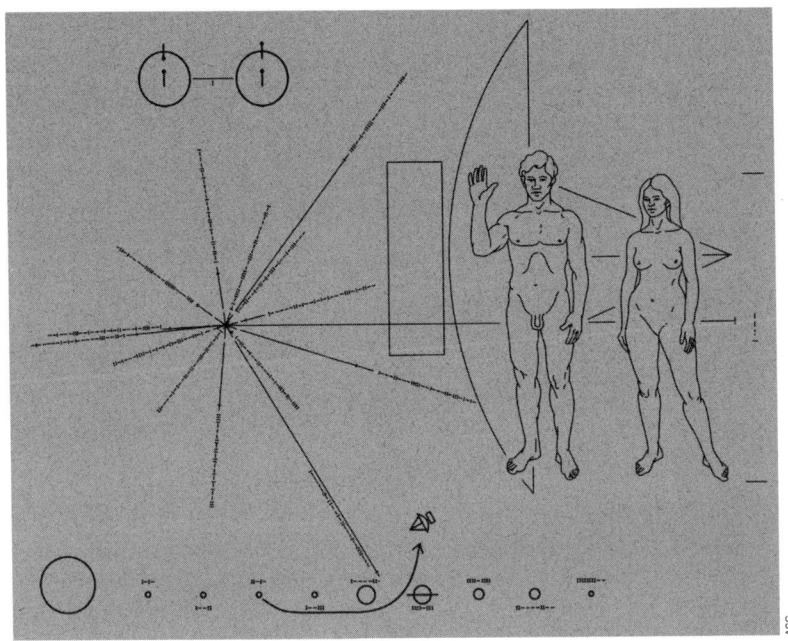

ASC

Los astrónomos Frank Drake y Carl Sagan proyectaron enviar un mensaje a bordo de la sonda espacial *Pioneer 10*, que viajaría hasta los confines del sistema solar. En este diagrama (que vemos en la imagen) grabado sobre una plancha de aluminio se indicaba la posición de nuestro planeta y la ruta seguida por la *Pioneer*.

independientemente de su estructura biológica, psicológica, política o social, durante toda su historia, hacen siempre lo mismo. Supongamos que hace 600 000 años los habitantes de Vega III decidieron quedarse en casa y mirarse el ombligo. Eso no obliga a que mil años más tarde sigan igual o que 10 000 años más tarde continúen con la misma política. En la Tierra, ya no las diferentes civilizaciones sino los diferentes Gobiernos cambian de criterio cada pocos años… o meses.

Por supuesto podemos argumentar que el hecho de que nosotros lo hagamos no quiere decir que los extraterrestres también lo hagan, pero como contraargumenta Hart, no está diciendo que los ET deban actuar como nosotros, sino que es imposible que todas las posibles civilizaciones ET, a lo largo de toda su historia, actúen siempre al revés de como lo haríamos nosotros. Y como dice Tegmark: «Todo lo que se necesita es una civilización que decida colonizar abiertamente todo lo que pueda, y engullirá nuestra galaxia y más allá».

Por otro lado, que durante más de medio siglo no hayamos recibido señal alguna, ¿es significativo? Porque ¿cuántas civilizaciones pueden recibir señales? Basta con mirar a nuestro planeta: de los doscientos mil años que lleva nuestra especie sobre la Tierra podemos recibir señales del espacio desde hace poco más de cien años. Si una civilización extraterrestre hubiera estado enviando señales a nuestro sistema solar durante diez mil años, lo más probable es que jamás hubieran recibido respuesta. SETI únicamente es viable con civilizaciones que se encuentran en el mismo punto tecnológico que nosotros en el mismo instante de tiempo. Por eso muchos consideran que SETI es un esfuerzo fútil.

Teniendo en cuenta las bajísimas probabilidades de éxito, el biólogo Ernst Mayr se pregunta por qué todavía hay científicos que siguen empeñados en ello. «Si miramos sus currículos descubrimos que son casi exclusivamente astrónomos, físicos e ingenieros. No se dan cuenta de que el éxito de SETI no es cuestión de leyes físicas y capacidades ingenieriles, sino de factores biológicos y sociológicos. Y los han dejado fuera de sus cálculos».

Solo la devoción explica por qué Frank Drake, cuando vino a España en 1995, dijo que «el programa SETI tendrá éxito hacia el año 2000». No ha sido así, pero él siguió en la brecha hasta su muerte en 2022. Por eso, aunque durante mil años no se encuentre ninguna señal, siempre se podrá argumentar que aún quedan muchos sitios en los que buscar. Si los resultados negativos no sirven para llegar a ninguna conclusión, ¿podemos considerar SETI como una ciencia?

¿NOS ENTENDEREMOS CON LOS EXTRATERRESTRES?

SHUTTERSTOCK

El matemático aleman Hans Freudenthal desarrolló en los años 60 del siglo xx LINCOS (acrónimo de la expresión latina lingua cosmica), un lenguaje basado en las matemáticas con el fin de que fuera comprensible por cualquier civilización extraterrestre inteligente.

En febrero de 1992 dos equipos se dispusieron a participar en un peculiar juego de rol: simular el primer contacto entre seres humanos y extraterrestres. El juego había sido diseñado por una organización sin ánimo de lucro llamada Contact, y el planteamiento era bien simple: dos equipos, uno humano y otro extraterrestre, en el que el objetivo del primer equipo consistía en interpretar el mensaje del equipo extraterrestre, para lo que había estado trabajando duramente durante un año.

El equipo humano, compuesto por unas dieciséis personas, estaba, además, unido vía correo electrónico con un gran número de consultores. Todo parecía listo, pero la primera transmisión, el primer contacto con una raza alienígena, se fue al traste. ¿El motivo? Los extraterrestres habían usado ordenadores PC mientras que los humanos usaban MacIntosh. A nadie se le ocurrió incorporar el software necesario para poder pasar de un tipo de ordenador a otro. Todos aprendieron la moraleja: si nuestros computadores presentaban problemas a la hora de comunicarse entre sí, ¿qué otros inimaginables aparecerán cuando intentemos comunicarnos con extraterrestres de verdad?

El zoólogo Arik Kershenbaum se plantea que, si los pájaros pudieran hablar, tal vez no nos daríamos cuenta. «Nos parece obvio que los humanos tienen lenguaje y el resto de los animales no, pero ¿cómo sabemos con certeza que esto no es así?». Esta es la principal cuestión a la que nos debemos enfrentar cuando nos planteamos la búsqueda de vida civilizada en el universo. ¿Realmente seremos capaces de identificar como tal el supuesto mensaje extraterrestre? Y no solo eso, ¿llegaremos a entenderlo?

Pero empecemos por el principio. Esto es un mensaje, un mensaje dirigido a usted, querido lector, construido en un sistema de códigos llamado español y marcado con letras romanas en tinta sobre hojas de celulosa o como cristal líquido en la pantalla. Evidentemente, al utilizar este sistema de códigos espero hacerme entender, despertar en su mente pensamientos e ideas similares a los que tengo cuando formulo este mensaje. En última instancia, más allá de la mera cuestión de las habilidades lingüísticas, esta esperanza mía surge del hecho fundamental de que compartimos las mismas capacidades cognitivas humanas debido a nuestra historia evolutiva común. Pero, si extendemos esta situación más allá de la Tierra, surge la pregunta: ¿cómo podría ser posible la comunicación entre seres inteligentes de diferentes entornos que difieren física, biológica y culturalmente, y que se han desarrollado a través de líneas evolutivas absolutamente dispares y separadas? Este es el problema de la comunicación interestelar.

La fe en la universalidad de la ciencia

Es cierto, como escribió el neurocientífico Michael Arbib, que «en este mismo momento estamos recibiendo mensajes de civilizaciones inteligentes, mensajes transmitidos hace cientos o incluso miles de años». Arbib se refiere a los escritos de Aristófanes, Newton, Euclides y otros. Aunque no contienen todo lo necesario para interpretarlos correctamente, los podemos entender porque compartimos la misma historia, la misma configuración evolutiva y cognitiva. Esto es algo con lo que no podemos contar si nos comunicamos con un extraterrestre: no tenemos ningún parentesco (ni siquiera lejano) no tenemos culturas similares, ni incluso realidades físicas parecidas.

La estrategia habitual para superar el problema de la comunicación interestelar ha sido intentar construir un mensaje que sea una transferencia de información independiente del contexto, el tiempo y la naturaleza humana. Así nacieron lenguajes como LINCOS, acrónimo de Lingua Cosmica, un idioma no oral que se basa en las matemáticas. La idea se le ocurrió en 1960 a Hans Freudenthal, un profesor de Matemáticas de la Universidad de Utrecht; decidió crear un código fácilmente comprensible, que evitase la gran cantidad de información que hay detrás de nuestros lenguajes comunes y de la que no somos conscientes. Para crear un idioma así cada símbolo se define mediante los símbolos que le preceden. Pero ¿cuáles deben ser los primeros? Freudenthal razonó que hay unos conceptos que no necesitan definición: los números naturales (o enteros positivos) y la aritmética básica. ¿Por qué? Porque todas las civilizaciones a lo largo de la historia aprendieron a contar y descubrieron las mismas propiedades numéricas. En particular el conjunto 1, 2, 3, etc., es, o podría ser, conocido por cualquier raza inteligente. Contar es el único proceso del que podemos estar seguros que hacen los extraterrestres. Como dijo el matemático y experto en teoría de números Leopold Kronecker: «Dios hizo los números enteros positivos; todo lo demás es obra del hombre».

Los estorninos vuelan formando grandes bandadas y quizás las formas que dibujan al atravesar los cielos oculten un mensaje. Para el zoólogo Arik Kershenbaum, la idea de que el ser humano es la única especie que tiene lenguaje no resulta tan evidente.

Este es el dogma de fe de los científicos de SETI desde sus inicios: si hay algo que compartimos con los extraterrestres son las matemáticas y la ciencia. Tanto el mensaje de Arecibo, enviado al cúmulo globular M13 en 1974, como los discos y placas que viajan en las sondas *Pioneer 10* y *11* y *Voyager 1* y *2* constituyen una prueba de esa creencia a prueba de bombas. Ya hace más de medio siglo, el radioastrónomo Edward Purcell, en sus escritos sobre comunicación con extraterrestres, se hacía esta pregunta: «¿De qué podremos hablar con nuestros lejanos amigos?». Por supuesto, era retórica, pues sabía la respuesta: «Tenemos mucho en común. Tenemos las matemáticas, la física, la astronomía...». Por eso los científicos de SETI no tienen ninguna duda de que podremos entendernos gracias a esa universalidad de la ciencia y las matemáticas: los extraterrestres escribirán 2 + 2 de diferentes maneras, pero el resultado siempre será 4, y la ley de la gravitación universal siempre irá con el inverso del cuadrado de la distancia, sea cual fuere el lenguaje empleado. Abundando en este punto, cuando se lanzó el proyecto HRMS de la NASA en 1992, un periodista de la revista *Scientific American* le preguntó a Frank Drake cómo sería posible la comunicación con otras formas de vida en el universo. El radioastrónomo le contestó que habrían desarrollado unas matemáticas, una física y una astronomía similares a las nuestras, y que la relatividad general, la teoría cuántica de campos y la de supercuerdas formarían parte de su ciencia. «Una innata curiosidad sobre la naturaleza y la necesidad de mejorar sus vidas los obliga a explicar los fenómenos físicos como nosotros». ¿O no es así?

Una creencia bastante discutible

Los pirahã son un pueblo de cazadores-recolectores que vive en las orillas del río Maici, un afluente del Amazonas, en Brasil. Se llaman a sí mismos los *Hi'aiti'ihi*, los erguidos, y su cultura y lenguaje representan todo un reto para los antropólogos. Pero de todas sus peculiaridades la que nos interesa es que son incapaces de contar más allá de dos. De hecho, en su lengua es imposible distinguir entre, por ejemplo, «un pez grande» y «muchos peces

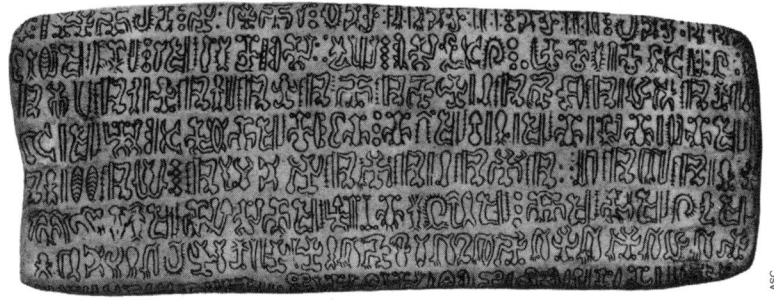

Tablilla con el sistema de glifos que utilizaban los antiguos pobladores de la isla de Pascua. Esta escritura, conocida como rongo rongo, aún no ha podido descifrarse.

pequeños». Los pirahã solo usan medidas aproximadas y son incapaces de distinguir con exactitud entre un grupo de cuatro objetos y otro colocado de manera similar de cinco objetos. Esto nos demuestra que no es necesario saber contar para construir una cultura: contar no es universal. Volvamos a LINCOS. Hemos dicho que cada símbolo se define mediante los símbolos que le preceden. ¿Que le preceden cómo? El rongo rongo, el sistema de glifos de los antiguos habitantes de la isla de Pascua que sigue sin descifrarse, se escribe en un sistema llamado bustrofedón inverso: de izquierda a derecha y de abajo arriba. De este modo, el lector comienza en la esquina inferior izquierda de la tablilla, lee una línea hacia la derecha, rota la tablilla ciento ochenta grados y continúa con la siguiente línea. Si las lenguas escritas de la Tierra tienen semejantes peculiaridades, ni podemos imaginarnos lo que puede ser la de un extraterrestre.

Ese optimismo rayano en la euforia por la ciencia que tienen los científicos de SETI no lo comparten aquellos que no vienen de las ciencia duras. A mediados de los años 60, el historiador de la Universidad de Chicago William MacNeill puso nerviosos a los defensores de SETI al dudar abiertamente de la capacidad de los seres humanos para descifrar cualquier señal de origen extraterrestre: «Nuestra inteligencia está muy aprisionada por las palabras, es una prisionera del lenguaje, y no veo que podamos imaginar el lenguaje de otra comunidad inteligente que no tenga muchos puntos de contacto con el nuestro». Y cuando le contestaron ondeando la bandera de la universalidad de las leyes de la ciencia y las matemáticas, Mac-Neill respondió que dudaba de que «sus matemáticas fueran conmensurables con nuestras matemáticas».

El problema de fondo es que, aunque quieran impedirlo, los científicos de SETI no pueden dejar de antropomorfizarlos. Eso es lo que hacen cuando transfieren nuestra cultura al resto del universo amparados en la universalidad de la ciencia. Por ejemplo, el premio nobel de física Sheldon Glashow no hace distinción entre la ciencia que hacemos en la Tierra con la que harían otras civilizaciones. Otro premio nobel de física, Steven Weinberg, afirma que, al traducir las obras científicas de los extraterrestres a nuestras palabras, veremos «que nosotros y ellos habremos descubierto las mismas leyes». Dicho de otro modo, seremos capaces de armonizar su ciencia con la nuestra. Pero no nos dejemos llevar por el entusiasmo: esta creencia está basada en que, como los científicos de todas las naciones de la Tierra aceptan la validez del mismo conjunto de leyes, extrapolan —sin demostrar— ese comportamiento al resto de los

ASC

Los habitantes del pueblo de Mbamba en Mozambique han aprendido a interpretar el comportamiento y el canto del pájaro-miel para averiguar dónde se ocultan los panales de abejas. Entre este pájaro y los humanos se ha establecido una relación simbiótica.

planetas habitados del universo. «Los investigadores de SETI tienden a transferir la vida y cultura terrestres al resto del universo porque operan más allá de los límites de su conocimiento y competencia cuando discuten la universalidad de la ciencia», comenta el historiador de la ciencia George Basalla.

La dificultad para aceptar esta idea está en algo mucho más profundo que la forma en que escriben el principio de incertidumbre de Heisenberg. Como continúa argumentando George Basalla, «¿cómo determinar si tienen un lenguaje y una práctica científicas?». Si ya es complicado distinguir lo que es ciencia de lo que no lo es en la práctica diaria aquí, en la Tierra —un problema que en filosofía se conoce como el criterio de demarcación de la ciencia—, ¿cómo hacerlo con una cultura con la que no tenemos nada que ver? Pero seamos optimistas e imaginemos que podemos resolver este problema y transformamos la ciencia alienígena en algo que podamos reconocer como nuestra ciencia. ¿Qué es lo que nos queda? Basalla lo deja muy claro: «El resultado de esta transformación no produce una ciencia universal sino una forma de conocimiento hecha a imagen de la ciencia terrestre». El psicólogo Douglas Vakoch, presidente de la organización Messaging Extraterrestrial Intelligence, advierte que cuando dos científicos difieren en su biología, cultura e historia, sus modelos de realidad pueden ser considerablemente distintos: «El meollo del asunto es que ninguna especie inteligente puede entender la realidad sin hacer ciertas elecciones metodológicas». Sus metáforas, símiles… pueden ser y serán muy diferentes. Y curiosamente las metáforas desempeñan un papel destacado en la ciencia.

Además, el camino de la ciencia no es único; nosotros hemos recorrido uno desarrollado dentro de la cultura judeocristiana, pero no tiene por qué coincidir con el de otras civilizaciones. Nuestra revolución científica, comenta David N. Livingstone, profesor de Geografía e Historia Intelectual de la Universidad Queens de Belfast, no fue un fenómeno uniforme, sino un proceso histórico muy complejo. Fue un conocimiento local que, al circular, se hizo universal gracias a que se estandarizó, se protocolarizó, lo que impuso ciertas prácticas locales sobre otras.

Pero eso no implica que esa forma de hacer ciencia sea universal. Por ejemplo, en Mozambique, el pueblo Mbamba ha sido capaz de identificar entre los cientos de comportamientos del llamado pájaro-miel aquellos que el animalito usa para llevarlos al lugar en el que se encuentran los panales de abejas. Pero para ello no han realizado ningún tipo de estudio científico al estilo occidental, sino que han llegado a ese resultado por otro camino. Si esto ocurre en nuestro planeta, ¿cómo de extraño no será en otro?

LA FILOSOFÍA TOMA LA PALABRA

Esta devoción casi religiosa de físicos e ingenieros por una ciencia universal suele oler a cuerno quemado a los filósofos de la ciencia, como al prestigioso Nicholas Rescher. Cuando le preguntaban sobre esta creencia la despachaba afirmando que era algo profundamente provinciano creer que existe un único mundo natural y una única ciencia que lo explica. Rescher consideraba que el universo es singular pero sujeto a muchas y muy diversas interpretaciones. Identifica tres condiciones que deben cumplirse para poder afirmar que la ciencia alienígena es funcionalmente equivalente a la nuestra. La primera es la formulación: sus matemáticas tienen que ser como las nuestras. La segunda es la orientación: deben estar interesados en el mismo tipo de problemas que nosotros. Y tercero, la conceptualización: deben tener la misma perspectiva cognitiva de la naturaleza que nosotros. Dicho de otra forma, la ciencia no es algo infuso, sino que está anclada en la forma en que percibimos el mundo, en la herencia cultural, que determina lo que es interesante, y en su nicho ecológico, que determina lo que es útil.

De ahí que incluso decir que una civilización extraterrestre es más avanzada que la nuestra es una *boutade*: para eso deben hacer un tipo de ciencia parecida a la nuestra. Es más, para Rescher, las ciencias naturales son una creación humana correlacionada con nuestra inteligencia. Lo que sabemos de la realidad física nace de nuestra biología y de nuestro desarrollo cognitivo, además de nuestra herencia social y cultural y de nuestras ex-

ASC

El filósofo de la ciencia Nicholas Rescher, fallecido a principios de 2024, argumentaba sobre la imposibilidad de equiparar la ciencia humana con una ciencia creada por seres totalmente diferentes.

periencias únicas y exclusivas de la especie. No tenemos ninguna razón para suponer que los extraterrestres posean nuestros mismos atributos biológicos, tradiciones culturales o perspectiva social. Por tanto, la ciencia humana es inconmensurable con la ciencia alienígena. Si la desarrollan, será su tipo de ciencia, no el nuestro: será una forma totalmente distinta de conocimiento.

Rescher no está hablando de relativismo; acepta el mundo real de los científicos y que la ciencia produce un conocimiento único sobre la estructura de la realidad, pero niega que podamos equiparar la ciencia humana con una ciencia creada por seres radicalmente distintos. Los físicos Robert Rood y James Trefil lo dejaron meridianamente claro con una analogía: «Un libro de ciencias extraterrestre sería tan incomprensible para nosotros como el diagrama de la circuitería de una radio lo sería para un aborigen».

El golpe de gracia a la ingenuidad de SETI lo da Basalla: «De lo que no son conscientes los científicos es de que la ciencia es una empresa joven, con solo cinco siglos de vida frente a los cinco millones de años de los homínidos. Nuestros antecesores sobrevivieron y se dispersaron por el planeta sin la ayuda de la ciencia… no es en absoluto una necesidad para la supervivencia de nuestra especie». Y si la ciencia no ha impulsado la mayor parte de la historia de la humanidad, ¿por qué creemos que es una forma de conocimiento que podemos encontrar en cualquier lugar del universo?

IMPACTO: LA RESPUESTA HUMANA A LOS ET

SHUTTERSTOCK
El análisis del impacto social
que provocaría un posible encuentro con una civilización
extraterrestre va del optimismo
exacerbado a un final fatal.

En 1961 la NASA patrocinó un estudio realizado por el Brookings Institution conjuntamente con la National Aeronautics Space Act para identificar los objetivos a largo plazo del programa espacial norteamericano y su efecto en la sociedad. El informe incluía una discusión sobre «las implicaciones del descubrimiento de vida extraterrestre». No era un análisis profundo, había otros asuntos más importantes que tratar, pero dejó abiertas una serie de preguntas importantes. Los científicos sociales que participaron en el estudio vieron que el recién terminado proyecto *Ozma* de Frank Drake —el primer programa SETI de la historia llevado a cabo en el National Radio Astronomy Observatory— había «legitimado y popularizado las especulaciones sobre el impacto de un descubrimiento de este tipo en los valores humanos», además de que demostraba, como habían declarado los astrónomos, que serían las ondas de radio el modo de contacto más oportuno en los próximos veinte años.

Los autores del trabajo resaltaron que tanto las reacciones individuales como gubernamentales ante un posible contacto dependerían del sustrato religioso, cultural y social del momento, del mismo modo que de la información comunicada. Especulaban con que el mero conocimiento de la existencia de vida en el universo podría producir un fuerte sentimiento de unidad en la Tierra basado en la unicidad de la raza humana o, en su defecto, una reacción global y única a algo extraño. A causa de las dificultades de una comunicación, un descubrimiento de este tipo sería «uno de los hechos de la vida» que no requerirían ningún tipo de acción.

Por otro lado, en una afirmación que ha sido mencionada regularmente desde entonces, los autores avisaban de un posible efecto de peor presagio: «La antropología nos muestra muchos ejemplos de sociedades, seguras de su lugar en el universo, que se han desintegrado cuando se han tenido que asociar con otras sociedades que no conocían y que poseían ideas distintas y diferentes modos de vida; otras han sobrevivido a tal experiencia pero pagando el precio de cambios en sus valores, actitudes y comportamientos».

Serían los científicos, sugerían los autores del informe, quienes más se verían afectados por el descubrimiento de una inteligencia superior, ya que «un entendimiento avanzado de la naturaleza podría viciar todas nuestras teorías». Finalmente, apuntaban que surgirían dilemas filosóficos como el de decidir si los alienígenas deberían ser tratados moral y éticamente como seres humanos.

¿Y si se descubrieran plantas o —como lo llamaron— «inteligencia subhumana» en los (por entonces) cercanos planes de exploración de Marte y Venus? A pesar de la novedad que eso supondría, sobre la mayor parte del pueblo norteamericano tendría el mismo efecto que el que tuvo el descubrimiento del panda o del celacanto. Una predicción que se cumplió cuando, el 8 de agosto de 1996, la NASA anunció a bombo y platillo el descubrimiento de vida microbiana en Marte.

En resumen, el informe NASA-Brookings afirmaba que un contacto con seres extraterrestres podría ser bueno o malo, pero lo más seguro es que fuera devastador para los científicos.

Al año siguiente, los miembros del Space Science Board de la National Academy of Sciences —la organización científica más prestigiosa de Estados Unidos— revisaron el alcance de la biología al analizar las primeras misiones a Marte, de nuevo por encargo de la NASA. Sus palabras fueron más optimistas sobre la importancia filosófica de la exobiología, incluso cuando nos las tuviéramos que ver frente a frente con formas de vida inferiores. Escribieron: «La cuestión científica que afronta la

Esta imagen es una representación de la matriz de telescopios Allen, un proyecto conjunto del Instituto SETI y el Laboratorio de Radioastronomía de la Universidad de California (EE UU) para construir un radiotelescopio de interferometría dedicado tanto a las observaciones astronómicas como a la búsqueda de inteligencia extraterrestre.

exobiología es, en opinión de muchos, la más excitante, retadora y profunda no solo de este siglo, sino de todo el movimiento naturalista que ha caracterizado a la historia del pensamiento occidental en los últimos trescientos años. A lo que nos enfrentamos es a la oportunidad de obtener una nueva perspectiva sobre el lugar del ser humano en la naturaleza, un nuevo nivel de discusión sobre el significado y la naturaleza de la vida». Con semejante afirmación los miembros del panel de ciencias del espacio no solo expresaban una opinión académica, sino que predecían la importancia de las implicaciones que tendría el descubrimiento de vida extraterrestre.

LAS CONSECUENCIAS DE ENTABLAR CONTACTO

Diez años más tarde quedaba claro lo que hasta entonces se había dejado en el aire: que una cosa era el avance que significaría el descubrimiento de otras formas de vida, y otra muy distinta las implicaciones que tendría encontrarse con seres inteligentes. Era esto, y no otra cosa, lo que intrigaba a los científicos y fue este el tema central del simposio que se celebró en la Universidad de Boston el 20 de noviembre de 1972: «Vida más allá de la Tierra y la mente del Hombre». Su moderador, el astrónomo Richard Berendzen, aseguró que era la primera vez que un panel de científicos distinguidos iba a discutir en un foro abierto sobre las diferentes consecuencias que tendría el descubrimiento de inteligencia extraterrestre.

Lo más llamativo del encuentro fue la diversidad y disparidad de las ideas aportadas, con las cuales hubiera sido imposible alcanzar ningún consenso. Una de las más llamativas fue la del biólogo y premio nobel George Wald: el universo era un lugar lleno de vida donde las comunicaciones se realizaban a larga distancia más que por contacto. Sin embargo, a esta idea Wald añadió: «No concibo peor pesadilla que establecer comunicación con una civilización de las que llamamos tecnológicamente superiores o, si lo prefieren, más avanzadas». A pesar de la tan cacareada profecía de los grandes beneficios que tal contacto nos aportaría —uno de cuyos defensores era el conocido Carl Sagan—, Wald continuó, conjurando el escenario proporcionado por el informe NASA-Brookings: «El pensamiento de que estaríamos de algún modo adheridos, como si fuera un cordón umbilical, a una civilización más avanzada, con su más avanzada ciencia y tecnología, no solo no me emociona, sino todo lo contrario». Que la humanidad descubriera por sí misma una cura contra el cáncer o el control de la fusión nuclear era una cosa, «pero obtener tal información pasivamente del espacio exterior gracias a una transmisión es muy diferente. Uno podría plegarse a todas

El coautor del célebre artículo publicado en la revista *Nature* en el año 1959, Philip Morrison, mantenía una postura de moderado optimismo ante el contacto con seres procedentes de otros planetas, pues descifrar su mensaje podría llevarnos más tiempo del imaginable.

las empresas humanas —literatura, ciencia, arte, dignidad, valor, el significado del hombre— y estaríamos simplemente apegados como por un cordón umbilical a *esa cosa de ahí fuera*».

Los temores de Wald encontraron poco apoyo entre el resto de los participantes. El teólogo Krister Stendahl, decano de la Harvard School of Divinity, interpretaba el contacto con otros seres inteligentes como el amanecer de una consciencia cósmica, hacia un universo mejor, y dejando a la humanidad «relativamente única» más que «absolutamente única» en el universo. Curiosamente, no discutió para nada sobre el futuro de sus dogmas.

Los tres astrónomos presentes, Philip Morrison —coautor del famoso artículo de 1959 que dio el pistoletazo de salida a SETI—, Carl Sagan y Berendzen, junto con el antropólogo Ashley Montagu, encontraron los temores de George Wald totalmente infundados.

Para Morrison, el contacto no tendría un efecto rápido e inmediato, se parecería más al desarrollo de la agricultura que al descubrimiento de América. E incluso si fuera como el último, habría que recordar —decía— que fue un proceso lento. Su postura era que el mensaje no sería simple, aunque se reconocería inmediatamente su procedencia inteligente, pero el descifrado llevaría su tiempo. El efecto sería «más sutil, de larga duración, complejo y debatible que una repentina revelación de la verdad, como letras impresas a fuego en el cielo».

En el mismo sentido se expresó el eternamente positivo Carl Sagan. Para el astrofísico de Cornell, el contacto con otra civilización nos haría recuperar un contexto para la humanidad que habíamos perdido hacía mucho tiempo: «Este tipo de aventuras de exploración de las que estamos hablando restablecería un contexto cósmico para la humanidad». Rechazando de plano que los extraterrestres vinieran a invadirnos, explotarnos o que hubiera una rebelión de la raza humana contra ellos, Berendzen contrarrestó con pasión la postura temerosa de Wald: «probablemente nos proporcionaría la oportunidad de unirnos en la que se ha llamado la *herencia galáctica*… Podría dirigirnos a una mejora de nuestra sociedad, a una solución de nuestra crisis ambiental, incluso a un perfeccionamiento de nuestras instituciones». Con todo,

ASC

En el año 2017 la NASA detectó hidrógeno molecular en Encélado, una de las lunas de Saturno, lo que podría indicar la existencia de microorganismos vivos en el satélite.

reconocía que el impacto social de un contacto sería problemático. El primer contacto sería una confirmación de su existencia, a lo que seguirían cientos de años de transmisión de información y, lo más complicado, de esfuerzo en descodificación.

Ninguno de los que estaban allí podía predecir cómo reaccionaremos ante un contacto. Eran buenos científicos, pero eso no significa que fueran buenos profetas. El administrador de la NASA, James Fletcher, haciendo notar que la existencia de civilizaciones extraterrestres no solo era posible sino muy probable, pidió a los seis panelistas que fueran provocadores con sus ideas. Es más, siguiendo los ecos del informe NASA-Brookings, solicitó un estudio más detallado sobre las actitudes de la población ante un posible descubrimiento y contacto con civilizaciones extraterrestres, del mismo modo que alentó futuros trabajos empíricos e históricos sobre el comportamiento de los seres humanos enfrentados a eventos y presiones sociales no familiares y dramáticas. Al igual que los autores de NASA-Brookings, creía que tales estudios ofrecerían pistas acerca de cómo transmitir la información sobre un hecho tan aparentemente trascendental como el que estaban debatiendo.

Que la NASA tuviera algo que ver con estos tres estudios — Brookings, Space Science Board y la reunión de Boston— es significativo, teniendo en cuenta que, en aquella época, el núcleo central de la intelectualidad científica norteamericana era reacia a estas veleidades. Una de las pocas pero significativas excepciones era el filósofo Lewis W. Beck, quien se hizo eco de las discusiones y propuso dos hipótesis sobre este asunto. La primera conjetura era que tanto la ciencia popular como la ciencia ficción nos habían preparado sobradamente para este tipo de encuentros, por lo que cualquier señal extraterrestre sería completamente olvidada unas pocas semanas después de su descubrimiento, del mismo modo que sucedió con el alunizaje de los *Apolo*: la mayoría de las gente volvió a centrarse en sus preocupaciones diarias.

Por otro lado, Beck conjeturó que el descubrimiento de inteligencia extraterrestre nunca se olvidaría: lo importante no sería el descubrimiento en sí, sino la cadena de eventos posteriores que cambiarían nuestra visión del mundo de modos no previsibles. «No hay límites a lo que podamos aprender de otras criaturas y, por ende, de nosotros mismos. Comparado con tales avances en nuestro conocimiento, las revoluciones copernicana y darwiniana, o el descubrimiento del Nuevo Mundo, no son otra cosa que un preludio menor».

De la neutralidad al entusiasmo con algún toque de fatalismo

Resulta curiosa la evolución de la llamada «Cuestión Impacto» entre los propios participantes del programa SETI. Primero encontramos afirmaciones emocionalmente neutras, como las de Cocconi y Morrison en su seminal artículo de 1959, del estilo de «muy pocos podrán rechazar la importancia, práctica y filosófica, que tendría la detección de comunicaciones interestelares», o la que expresó Frank Drake en uno de sus artículos sobre el proyecto *Ozma*, «las implicaciones científicas y filosóficas de un descubrimiento de este tipo serán extremadamente grandes». De ahí pasó a expresiones grandilocuentes. En el libro *Comunicaciones interestelares*, basado en el famoso encuentro de Green Bank de 1961 y editado por A. G. W. Cameron, comentaba «si damos el siguiente paso y nos comunicamos con alguna de estas sociedades, podemos esperar obtener un enorme enriquecimiento en todos los campos de nuestras ciencias y letras, incluso valiosas lecciones sobre cómo conseguir un gobierno mundial estable». En ese momento nos encontrábamos en el punto álgido de la Guerra Fría.

En el informe del proyecto *Cyclops*, desarrollado en verano de 1971 bajo los auspicios de la NASA y cuya influencia posterior en el desarrollo de las técnicas instrumentales de SETI no se debe infravalorar, Bernard Oliver hablaba de nuestra «herencia galáctica» y de «la salvación de la raza humana» gracias al contacto, lo mismo que minimizaba los posibles riesgos, tales como una invasión, la explotación o el choque cultural a partir de ese encuentro.

El escenario que pintaban los científicos durante la década de 1970 es el de la *Enciclopedia galáctica*: las civilizaciones extraterrestres, con una antigüedad de cuatro mil millones de años, estarían manteniendo una comunicación fluida desde hacía tiempo, compartiendo información, y cada una de las sociedades participantes aportaría su granito de arena a esta macropedia: «esperaríamos encontrar la totalidad de las historias naturales y sociales de incontables planetas y especies que han evolucionado: un tipo de registro arqueológico de nuestra galaxia». Supondría el final de nuestro aislamiento cósmico, y el choque cultural no tendría demasiada importancia porque los retrasos obvios en la comunicación a escalas galácticas y el lento ritmo de intercambio de información inicial nos permitirían adaptarnos a la nueva situación. Esta era la opinión que defendió Philip Morrison en el congreso sobre Comunicación con Inteligencias Extraterrestres (CETI) celebrado en Armenia en 1971: «la veo más como una empresa de historia de la ciencia que de lectura de un mensaje… El ritmo de adquisición de datos excederá durante mucho tiempo nuestra capacidad de interpretarlos».

En ese mismo congreso, Von Hoerner dijo que «si entramos en contacto con otra civilización, significará el fin de la nuestra... Nuestro periodo cultural habrá terminado pero nos fusionaremos en una mayor cultura intergaláctica».

Para el pionero Frank Drake, el impacto en la sociedad sería importante. Un contacto con los «immortales» —pues así los consideraba— sería un corte brusco en la sabiduría. No solo obtendremos información científica y técnica, sino que podremos aprender de los «últimos sistemas sociales», formas artísticas, y otros aspectos de la vida todavía no imaginados: «no debemos tener miedo a un contacto, a pesar de lo que ha sucedido en la Tierra cuando una sociedad primitiva ha entrado en contacto con otra más avanzada: no nos obligarían a obedecer, solo recibiríamos información». Para Sagan y Drake, un contacto enriquecería nuestra vida más allá de cualquier estimación. Todas estas implicaciones están perfectamente descritas en una de las obras mayores de Arthur C. Clarke, *El fin de la infancia*.

Para Philip Morrison recibir una señal contendría una gran verdad: «Es posible para una civilización mantener un estado de avance tecnológico y no autodestruirse». Teniendo en cuenta que podríamos no responder a la señal, e incluso obviarla, Morrison rechazaba las opiniones adversas y resaltaba que conllevaría «pocos peligros para los seres humanos; en su lugar poseería la promesa de beneficios filosóficos y quizá prácticos para toda la humanidad».

Pero el astrónomo y premio nobel sir Martin Ryle no compartía esta visión. Tras el envío del mensaje el día de la inauguración de Arecibo al cúmulo globular M13, el científico pidió que la Unión Astronómica Internacional prohibiera este tipo de alegrías; mientras, un editorial de *The New York Times*, «¿Debería la humanidad esconderse?», optaba por una postura más optimista bajo la suposición de que no hay ninguna razón para pensar que los extraterrestres serían invasores o predadores. El sociólogo Donald Tarter veía otro gran peligro en establecer un contacto: el conocimiento cultural, teológico y filosófico obtenido de una inteligencia extraterrestre nos debilitaría y quizá destruiría nuestra confianza en las instituciones humanas. Más pesimista

El 20 de julio de 1969 el astronauta Edwin *Buzz* Aldrin se convirtió en el primer hombre en pisar suelo desconocido más allá de los confines del planeta Tierra. El *Apolo 11* dejó en la Luna una placa con este mensaje: «Aquí, unos hombres procedentes del planeta Tierra pisaron por primera vez la Luna en julio de 1969. Vinimos en son de paz en nombre de toda la humanidad».

era el astrónomo y divulgador científico Robert Jastrow. A la pregunta «¿sobreviviremos al contacto?», él respondió: «No veo razones para el optimismo». Una opinión diametralmente opuesta a la del famoso paleontólogo Stephen Jay Gould, para quien «sería el evento más cataclísmico de toda nuestra historia intelectual». El astrónomo Eric Chaisson modula este optimismo, pues, en su opinión, no es lo mismo recibir un mensaje de radio que el hecho de que una nave aterrice en el jardín trasero de tu casa. Para Chaisson, el primer caso sería irrelevante, y el segundo, doloroso.

Para el historiador William McNeill, el escenario optimista solo funcionará si somos libres de aceptar o rechazar las consecuencias del contacto. Si no tenemos elección —sobre todo en el caso de confrontación física—, el desastre es inevitable; la sociedad inferior tecnológicamente colapsará. Algo en lo que abunda el historiador Allan Moorhead, autor del libro *The Fatal Impact* sobre el efecto de los europeos sobre las culturas del Pacífico Sur: está perfectamente probado que, aun en el caso de misiones pacíficas, el contacto siempre ha sido devastador para las culturas menos desarrolladas. Eso sí, el impacto no es inmediato, sino que el choque cultural se va acumulando a lo largo del tiempo, como sucedió en el caso de Tahití. Para los astrónomos Kuiper y Morris el efecto de tal contacto dependerá del nivel relativo de desarrollo de las dos civilizaciones en juego. Si es muy avanzada el shock cultural abortará nuestro desarrollo. En lugar de enriquecer ese almacén de conocimiento galáctico, simplemente lo absorberíamos: «Las mejores de nuestras mentes se dedicarían durante generaciones a digerir la tecnología y las experiencias culturales de una sociedad mucho más avanzada».

Para George Wald recibir información de una civilización avanzada desmoralizaría a los científicos: «¿Qué harías si todo aquello que te hace sentir orgulloso y digno de pertenecer a la raza humana se demostrara ser inimaginablemente inferior a lo que esas criaturas saben y hacen?». Claro que esto podría. llevarnos a una declarada xenofobia contra los extraterrestres, que se iría agravando a medida que se descifraran más mensajes. Y sin duda aparecerían grupos que demonizarían a los ET, atacando sus ideas como inmorales o malvadas.

A finales del siglo XX, los científicos empezaron a interesarse por los efectos a corto y largo plazo de una detección gracias al impulso de un activo personaje llamado John Billingham, director de la División de Ciencias de la Vida del Ames Research Center de la NASA: «Se ha desarrollado muy poca actividad investigadora en los aspectos culturales de SETI que no sean de ciencia e ingeniería». Estos tuvieron su máxima expresión en los encuentros subvencionados por la NASA entre 1991 y 1992. Todo formaba parte del entramado que rodeaba al programa de búsqueda que la NASA iba a lanzar en octubre de 1992 (y que murió antes de llegar al año de funcionamiento) bajo las siglas HRMS.

Lo cierto es que cualquier prospectiva sobre cómo vamos a reaccionar ante un contacto es más especulación que investigación. Se han realizado algunas encuestas en distintos países para, al menos, tener una idea de cómo piensa la población que reaccionaría. En España se han hecho dos: una en 1995 y limitada a Aragón, y otra por toda España realizada entre los lectores de la revista *Muy Interesante* con motivo de su vigesimoquinto cumpleaños. Ambas obtuvieron resultados similares.

Todas las encuestas realizadas en diferentes países ponen de manifiesto que la mayoría de la gente cree que la existencia de vida extraterrestre es muy probable. La encuesta de *Muy* confirmó este punto: el 90 % de los españoles pensaba que no estamos solos en el universo. Sin embargo, somos más escépticos a la hora de creer en seres inteligentes (70 %) y aún más en la existencia de civilizaciones más avanzadas que la nuestra (60 %).

Ante la pregunta más relevante, «¿Qué impacto tendría en la sociedad el descubrimiento de vida en otros mundos?», para el 25 % de los encuestados tendría poco o ningún impacto. La sorpresa surgió cuando se les preguntó si ese descubrimiento cambiaría su visión del mundo desde el punto de vista religioso y filosófico: casi el 40 % contestó que poco o nada.

Sobre si deberíamos contestar a un mensaje recibido del espacio, ocho de cada diez pensaban que sí. Un punto interesante es la reacción ante un contacto cara a cara: eran más los que pensaban que los ET vendrían en son de paz, mientras que seríamos nosotros los que responderíamos de forma violenta. Pero el resultado más curioso fue que, a pesar de que todos los encuestados pensaban que la decisión de responder a un mensaje extraterrestre debería ser tomada por consenso internacional, uno de cada cuatro creía que Estados Unidos tomaría la iniciativa sin tener en cuenta la opinión del resto de los países. Como podemos ver, preguntar por los extraterrestres nos dice mucho acerca de nosotros mismos.

¿CÓMO ERES, ET?

Tenemos la tendencia natural a atribuir características humanas a otras criaturas, incluidos los extraterrestres. Por eso, el humanoide verde de grandes ojos es un clásico de la imaginación popular.

SHUTTERSTOCK Y FREEPIK

Con aspecto de insecto, como una masa viscosa, con exoesqueleto, un enano cabezón sin pelo, parecido a nosotros pero con orejas puntiagudas…, la ciencia ficción y las películas nos han pintado a los extraterrestres de muy diferentes formas y tamaños. ¿Realmente se acercan a lo que podrían ser? ¿Se puede predecir, con los conocimientos científicos que hoy poseemos, cómo sería un extraterrestre? Arthur C. Clarke, el autor de *2001: Una odisea espacial*, dijo: «En ningún lugar del universo hallarán nuestros ojos las formas familiares de árboles y plantas, o de cualquiera de los animales que comparte nuestro mundo».

Realmente es un complicado empeño de especulación científica. ¿Tendrán dos ojos o más? Seguramente, nariz y boca, pues por algún lado deben introducir alimentos para mantenerse vivos y, quizá, tengan algo parecido a la respiración. Además, no es alocado suponer la existencia de un órgano capaz de reconocer sustancias volátiles, algo que les permita olisquear. Pero ¿cuántas tendrán? Nosotros, en un fallo flagrante de diseño, comemos y respiramos por el mismo conducto, pero la evolución en su planeta no tiene por qué haber cometido semejante error. Por cierto, el organismo del extraterrestre deberá deshacerse de los productos sobrantes de la alimentación, así que también debe tener algo similar a un ano.

Por otro lado, un ser inteligente necesita disponer de un buen sistema de almacenamiento de información, un cerebro (como siempre suponemos que son más inteligentes, las películas suelen mostrarlos con una cabeza bien grande, como si la inteligencia fuera mera cuestión de cantidad de neuronas). De igual modo, debe tener sensores para poder relacionarse con el entorno, similares a nuestros ojos, oídos y narices, y localizados cerca del cerebro, para que la información llegue deprisa y pueda procesarse con rapidez. Ahora bien, el rango de visión puede variar, pero no mucho: quizá los extraterrestres vean más en la zona infrarroja del espectro, o quizá en la ultravioleta. Más por debajo, por ejemplo en la longitud de onda de las microondas o en las ondas de radio, sería imposible por cuestiones puramente físicas: necesitarían tener unos ojos del tamaño de nuestras parabólicas, pues a mayor longitud de onda, mayor deber ser el dispositivo que las recoja. Y tampoco se pueden ir muy por encima del ultravioleta, pues esta radiación es letal para las moléculas orgánicas de la vida; en el caso de los rayos X, al ser muy penetrantes, no habría retina que los detuviera.

Por supuesto, la criatura debe tener dos ojos: la visión binocular es fundamental para percibir la profundidad. ¿De qué tipo? La mejor opción son los ojos de los mamíferos, con una lente central. Podría tener ojos compuestos, pero al carecer de cristalino tendrían que ser demasiado grandes para obtener una calidad de visión similar. Otra opción sería el esquizocroal, un tipo de ojo compuesto formado por varias lentes separadas por una membrana blanca, la esclerótica. Este tipo de ojo era exclusivo de los *Phacopina*, un suborden de los extintos trilobites, y parece que era útil en condiciones de poca luminosidad. ¿Servirá para mundos con poca intensidad de luz? Sea cual sea el tipo de ojo, el ser necesita un cerebro grande para poder procesar toda la información que llega de los sentidos.

Más sencillo es establecer la altura del posible extraterrestre. Esto es así porque la altura y el tamaño los determina la gravedad del planeta. Por poner un ejemplo, ¿podrían existir en la Tierra los gigantes de los cuentos, un ser humano con las mismas proporciones que las nuestras, pero diez o cien veces mayor? No, y eso ya lo sabía Galileo: la naturaleza no puede hacer crecer un árbol ni construir un animal por encima de cierto tamaño

Sobre estas líneas, fósil de *Dalmanites limulurus* (orden Phacopina), un trilobite cuyos ojos en forma de riñón estaban formados por varias lentes, una característica útil en condiciones de escasa luminosidad que tal vez compartan algunos seres de otros planetas.

conservando, a la vez, las proporciones, y empleando los mismos materiales. La única forma de solucionar el problema es cambiar las proporciones relativas porque, según descubrió Arquímedes, si aumentamos de tamaño un sólido cualquiera, su superficie aumentará proporcionalmente al cuadrado de sus dimensiones (largo, ancho y alto), y su volumen, al cubo.

Dicho de otro modo, si multiplicamos por dos el tamaño de nuestra vecina, como en la película de dibujos *Monstruos contra alienígenas*, la superficie total de su piel aumentaría cuatro veces, y su volumen, ocho. A este problema unamos otro de no menor calado: moverse por el planeta. A mayor gravedad, mayor sensación de peso. Eso implica que, si los seres humanos hubiéramos aparecido en un planeta con diez veces la gravedad de la Tierra, nuestros huesos deberían ser más gruesos para sostener el peso del cuerpo. Pero eso juega contra nosotros, porque, si son mayores, su masa será mayor y, por tanto, seremos más pesados. Por ende, nuestro sistema muscular debería ser verdaderamente potente para poder movernos, lo que implica también más masa. Luego, en lugares de alta gravedad, no queda más remedio que reducir el tamaño si queremos que nuestro imaginario ET sobreviva.

Ahora bien, ¿pueden existir esos lugares gravitatoriamente tan intensos? Además de planetas muy masivos, que por desgracia suelen ser gaseosos, tenemos las enanas marrones, unos objetos subestelares cuyo tamaño y masa se encuentra entre los planetas gigantes tipo Júpiter y las estrellas de baja masa. Curiosamente, el astrónomo que descubrió la posición de la Tierra en la Vía Láctea, Harlow Shapley, fue el primero en plantear la posibilidad de vida en estos astros en 1962. Por desgracia, en las enanas marrones se da una importante escasez de elementos pesados, como calcio, potasio o hierro, fundamentales para la vida.

¿Y qué pasa en planetas con baja gravedad? Ahí no hay impedimento a la hora de definir un tamaño, pero lo que ganamos por un lado lo perdemos por el otro: un planeta con baja gravedad que puede dar extraterrestres altos corre el riesgo de que, si es demasiado baja, el planeta no sea capaz de mantener su atmósfera y se pierda en el espacio. Justamente lo que le pasó a Marte.

Pero todas estas especulaciones no dejan de ser más que un ejercicio de imaginación científica. Quizá pudiéramos tildarlas de extravagantes, pero ¿acaso no lo era la sugerencia propuesta en 1897 por el científico y padre de la ciencia ficción alemana Kurd Lassawitz que imaginó unos marcianos tan parecidos a nosotros que hasta podría darse un *affaire* interplanetario? Incluso durante la primera mitad del siglo XX, la mayoría de las descripciones sobre extraterrestres mostraban a seres que eran «poco más que humanos extravagantemente vestidos o animales quiméricos creados a partir de partes de cuerpos terráqueos», en palabras del investigador David Darling.

Y es que el antropomorfismo pesa bastante en nuestra mente. Así opinaba Frank Drake: «No serán muy diferentes de lo que somos nosotros. Si vieras uno a una distancia de cien metros, pensarías que es un ser humano». El diseño humanoide nos permite asegurar cierta familiaridad con ellos: no es de extrañar que la gente que dice haber tenido contacto con extraterrestres siempre los describa con ese aspecto. De acuerdo con este estereotipo, los extraterrestres tendrían simetría bilateral y contarían con algún medio de locomoción. ¿Por qué no podrían ser bípedos? Al igual que nosotros usarían las extremidades inferiores para desplazarse y las superiores para utilizar herramientas. Por supuesto, deben tener manos: eso sí, con diez dedos ya sería demasiado similar, pero ¿y un pulgar oponible para poder sujetar con seguridad? Quién sabe.

Limitaciones evolutivas a las fantasías fisonómicas

¿Qué puede decirnos la teoría de la evolución sobre el posible aspecto de un ET? Para el zoólogo Arik Kershenbaum el aspecto de un animal y el modo de comportarse (la forma) están íntimamente ligados a la manera en que vive, obtiene energía y se reproduce (la función). Y es que la mayoría de las formas cumplen una función: los colores de las aves sirven para atraer a la pareja, la trompa del elefante es útil para manipular los alimentos y otros objetos. Claro que a veces resulta complicado identificar esa función. Por ejemplo, sobre la utilidad de las rayas de las cebras se ha debatido mucho, pero todas las especulaciones coinciden en que deben servir para algo. De este modo, la evolución por selección natural ha modelado la vida en la Tierra y para Kershenbaum es una regla universal que debe cumplirse en cualquier planeta. La razón es muy simple: no hay alternativa.

Siguiendo esta línea, en enero de 2011, la revista *Philosophical Transactions A* publicó una serie de artículos sobre vida extraterrestre. Entre ellos había uno del paleontólogo Simon Conway Morris, especialista en uno de los eventos más misteriosos de la evolución de la vida en la Tierra, la explosión del Cámbrico. Morris planteó que todo lo que sabemos sobre la evolución impone una serie de restricciones al aspecto de los extraterrestres.

Por un lado, está su bioquímica. Basada en el carbono, no puede diferir demasiado de la nuestra, pues la química orgánica es la misma en cualquier punto del universo; las moléculas podrán ser otras, pero la química subyacente será la misma. Para el físico del Fermilab de Chicago Don Lincoln, que considera que la vida inteligente aparece en lugares con procesos ambientales, químicos y evolutivos similares a la Tierra, la química basada en el carbono de nuestro planeta no es una coincidencia, sino algo natural en el cosmos.

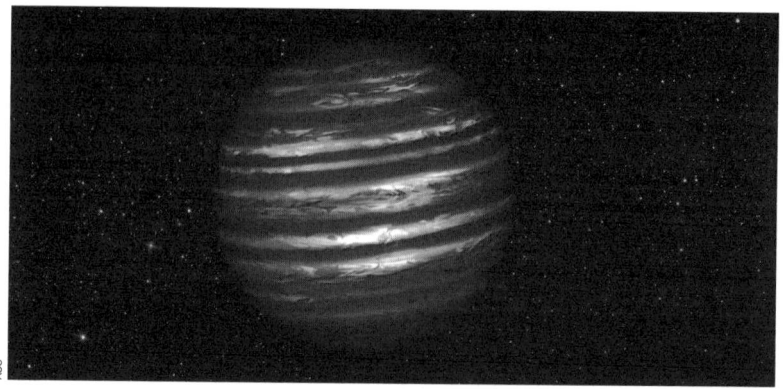

Harlow Shapley especuló con la posibilidad de que las enanas marrones, por sus especiales características a medio camino entre los planetas masivos y las estrellas, pudieran albergar vida, pero realmente carecen de los elementos pesados fundamentales para la vida.

De igual forma podemos afirmar que deben tener células. Resulta imposible creer que la compleja maquinaria de la vida no necesite de un espacio cerrado y bien definido. Ahora bien, si subimos a la escala de los organismos, la cosa no es tan sencilla. En la definición del cuerpo entran en juego cuestiones ambientales, porque las novedades evolutivas surgen a partir de caracteres antiguos: tenemos dos brazos y dos piernas porque nuestros antepasados biológicos utilizaban cuatro aletas para nadar en las aguas poco profundas en las que vivían hace cuatrocientos millones de años. Así, sus descendientes, anfibios, aves, reptiles y mamíferos mantienen esa estructura; si hubiéramos tenido un antepasado distinto, podríamos tener cuatro, seis u ocho extremidades.

Ahora bien, según Morris, aunque el aspecto no se pueda definir con propiedad, sí que tendrá algunas características de las que podemos estar razonablemente seguros. Una de ellas, como ya se ha dicho, es la simetría bilateral: es una forma sencilla de construir cuerpos. La simetría radial y triple es más complicada, y en la Tierra nunca han llegado muy lejos. Ahora bien, no es descartable que puedan tener una organización modular, como los artrópodos. Una segunda característica es que, si queremos que sean inteligentes, deben tener algún apéndice libre para poder manipular el entorno, y dos siempre es mejor que uno. Otra característica necesaria es un elevado metabolismo, capaz de generar la gran cantidad de energía que consume el cerebro (en los humanos es del 30 %), lo que hace pensar en algo parecido a seres de sangre caliente.

ENTORNOS SIMILARES, PARECIDOS RESULTADOS

Una clave fundamental para entender la vida extraterrestre es la convergencia. Dicho de otro modo, la evolución parece trabajar de forma semejante en entornos similares. Un ejemplo son los pájaros y los murciélagos. Ambos vuelan, pero el ancestro común a ambos vivió hace 320 millones de años, mucho antes de que los dinosaurios empezaran a dominar la Tierra. Un ancestro que no solo lo es de ellos, sino de todas las serpientes y tortugas y, por supuesto, de los dinosaurios y mamíferos.

Sabemos que el vuelo surgió al menos cuatros veces en nuestro planeta. Las aves desarrollaron esta capacidad cuando los dinosaurios vagaban por la Tierra hace 150 millones de años (de esa época data el *Archaeopteryx*, un animal a medio camino entre el dinosaurio y el pájaro). Los murciélagos no evolucionaron para volar hasta hace poco más de 50 millones de años. Los pterosaurios, aquellos enormes reptiles voladores, lo hicieron hace 220 millones de años, y los insectos hicieron lo propio hace 350 millones de años. La historia de la vida presenta muchos ejemplos de esta evolución convergente. Nuestro ojo, con una lente grande, evolucionó al menos seis veces. Pero quizá el ejemplo que más nos convenza es el tilacino o lobo de Tasmania, cuyo último ejemplar murió en 1936. Si vemos las fotografías de este depredador, no podemos dejar de reparar en el enorme parecido que tiene con los perros y los lobos, aunque ese parecido termina en su aspecto. Al contrario que los cánidos, era un marsupial con una bolsa como los canguros y no estaba más emparentado con un lobo que con un murciélago. ¿Podemos suponer que la evolución convergente es un hecho exclusivo de nuestro planeta?

Morris es contundente en este sentido: la vida en planetas similares al nuestro podría evolucionar de manera parecida a la nuestra. Es más, en cualquier planeta similar al nuestro, la inteligencia acabará por aparecer, pues para Morris también es convergente:

«la probabilidad de que evolucione algo análogo a un humano es bastante alta, y dado el alto número de planetas potenciales que conocemos, tenemos buenas razones para pensar que de las muchas inteligencias que puedan aparecer en ellos las habrá que sean similares a la nuestra». Así, la evolución convergente hace que sea inevitable la aparición de proteínas, ojos, extremidades e inteligencia. Todo esto es así porque, según Morris, «la evolución está lejos de ser un proceso aleatorio, más bien es predecible, al menos en un sentido amplio. Y si esto es así, lo que se aplica a la Tierra se puede aplicar a toda la Vía Láctea». Y añade que «aquello que vemos como más importante, como la sofisticación cognitiva, grandes cerebros, inteligencia, hacer herramientas o experimentar orgasmos... son convergentes».

Puede que sea así. Quizá circunstancias evolutivas similares a las que nos hicieron desarrollar extremidades y dedos para manipular herramientas también aparezcan en otros planetas. Y puede que el bipedismo y la simetría bilateral sean un pre-rrequisito para el desarrollo de sociedades tecnológicamente avanzadas. Por eso, algunos científicos dicen que poseemos «un diseño bastante óptimo para un ser inteligente». Puede que no haya otra elección evolutiva para ser inteligentes que parecerse a los seres humanos, con cabeza separada del torso y apéndices superiores e inferiores. Para los que defienden que la evolución convergente es clave para entender la vida en el universo, extrapolando lo que sabemos de la evolución en la Tierra al resto del universo, su mantra preferido es: «La mutación es aleatoria pero la selección natural no lo es».

Para el biólogo Jack Cohen y el matemático Ian Stewart, si una característica aparece en más de una ocasión en el árbol de la vida (como la fotosíntesis, la locomoción, las piernas, el vuelo, los predadores...), entonces es universal. Si aparece solo una vez, es provinciana. En este mismo sentido argumentaron A. H. Knoll y R. K. Bambach en su artículo publicado en la revista científica *Deep Time* en diciembre del año 2000, «Directionality in the History of Life». Estos autores defienden que existen seis megatrayectorias que «retienen la esencia de los cambios en la historia de la vida» y que, más o menos similares, pueden darse

GETTY

El *Archaeopteryx* comparte caracteres con los dinosaurios y con los pájaros, de hecho, a veces se le denomina «la primera ave», aunque aún se discute si realmente podía volar.

en cualquier punto del universo: del origen de la vida al último ancestro común, la diversificación procariota, la diversificación unicelular eucariota, los organismos multicelulares, los organismos terrestres, y la aparición de la inteligencia y la tecnología. En 2006 los cosmólogos Milan Ćirković y Robert J. Bradbury publicaban el artículo «Galactic Gradients, Postbiological Evolution and the Apparent Failure of SETI», en el que fueron un paso más allá y especularon con la existencia de otra megatrayectoria: la postevolución debido a la aparición de la inteligencia artificial y la invención de algunas tecnologías clave como el nanoensamblaje molecular y la ingeniería estelar. De forma similar, el historiador de la ciencia Steven J. Dick, en su artículo de 2003 «Cultural Evolution, the Postbiological Universe and SETI», apostó por un concepto central de la evolución cultural que llamó el principio inteligencia: «El mantenimiento, mejora y perpetuación del conocimiento y la inteligencia es la fuerza central de la evolución cultural, y en la medida en que se pueda mejorar la inteligencia, se mejorará».

Pero ¿por qué deberían parecerse a nosotros?

Ahora bien, no todos los científicos piensan que haya millones de tipos de humanoides pululando por el universo, como si fuera un episodio de la serie de televisión *Star Trek*; la diversidad de la vida en la Tierra es enorme, y que los humanos tengamos el aspecto que tenemos y que no sean unas arañas inteligentes las que usen *smartphones* es solo cuestión de pura chiripa evolutiva. Stephen Jay Gould incluso dudaba de que la historia de la vida en la Tierra tal como la conocemos volviera a darse aunque se repitiera un millón de veces. El conocido biólogo Ernst Mayr incluso negaba que la inteligencia fuera una propiedad convergente: «Nada demuestra más la improbabilidad del origen de la inteligencia de alto nivel como los millones de linajes filogenéticos que han fracaso en obtenerla». Por su parte, el científico del Instituto SETI Seth Shostak se pregunta: «¿Por qué deberían parecerse a nosotros? Ninguna otra criatura lo hace, salvo los simios. Un extraterrestre se parecerá a cualquiera que sea su nicho evolutivo». Al famoso escritor de ciencia ficción Arthur C. Clarke que hubiera humanoides en otros planetas le parecía una idea ridícula: «En ningún lugar de la galaxia hay criaturas que confundiríamos con seres humanos, excepto en una noche muy oscura». El prestigioso antropólogo de mediados del siglo XX Loren Eiseley lo dijo de forma muy elocuente y poética: «en ningún lugar del espacio, ni en un millar de mundos, habrá hombres con los que compartir nuestra soledad. Puede haber sabiduría, puede haber poder… pero en la naturaleza de la vida y en los principios de la evolución tenemos nuestra respuesta. Hombres, en algún lugar y más allá, no habrá ninguno jamás».

Lo cierto es que nuestra imaginación no es capaz de concebir algo verdaderamente alienígena. El imaginativo físico Freeman Dyson era de la misma opinión: «No hay límite a la extrañeza. La forma más probable de un extraterrestre es algo que no hemos imaginado». Y es que nuestra cultura constriñe nuestras visiones. Parafraseando al Premio Nobel de Medicina J. B. S. Haldane, los extraterrestres, si existen, no solo serán más extraños de lo que imaginamos, sino más extraños de lo que podamos imaginar.

LOS OVNIS YA ESTÁN AQUÍ

El fenómeno ovni comparte muchas de sus características con la religión, de hecho, la narración de los distintos avistamientos o encuentros recuerda, en ocasiones, a las apariciones marianas.

SHUTTERSTOCK

En 2018 la Armada de Estados Unidos desclasificaba una inquietante información: en los últimos años, algunos pilotos de combate de la US Navy habían grabado una serie de encuentros con «naves imposibles». Entre junio de 2014 y marzo de 2015, varios pilotos del portaaviones *Theodore Roosevelt* las habían visto en sus vuelos por la Costa Este de Estados Unidos. Diez años antes, en noviembre de 2004, les había sucedido lo mismo a pilotos del *Nimitz*, esta vez en la costa del Pacífico.

Es obvio que este tipo de fenómenos —sean lo que sean— preocupan al Ejército. Por eso, y según reveló *The New York Times*, el Pentágono comenzó en 2007 un programa secreto, el Advanced Aerospace Threat Identification Program (AATIP, «Programa Avanzado de Identificación de Amenazas Aeroespaciales»), «para evaluar con precisión la amenaza extranjera a los sistemas de armas de Estados Unidos», según rezaba el texto de la convocatoria de contratación para este proyecto publicada en agosto de 2008. Con un presupuesto de veintidós millones de dólares, el AATIP se creó a petición de Harry Reid, entonces senador por Nevada.

AATIP se puso bajo el control de la Agencia de Inteligencia de la Defensa (AID) y estuvo funcionando hasta 2012. La convocatoria de contratación la ganó Bigelow Aerospace Advanced Space Studies (BAASS), subsidiaria de Bigelow Aerospace, una empresa que desde 1999 está desarrollando un modelo de estación espacial comercial inflable a partir de los desarrollos que la NASA hizo en los años 90. Ambas son propiedad del dueño de la cadena de hoteles Budget Suites of America, Robert Bigelow, que está «absolutamente convencido» de que los extraterrestres nos visitan con regularidad. Algo muy llamativo es que BAASS se creara ocho meses antes de que firmaran el contrato comercial confidencial con Defensa. Lo que no se sabe es si la relación de Bigelow con el senador Reid influyó en algo en todo este asunto: además de ser buenos amigos, Bigelow contribuyó a sus campañas de 2004 y 2010.

En julio de 2009, BAASS entregó a la Agencia de Inteligencia de Defensa el *Ten Month Report* («Informe del mes diez»), un estudio de 494 páginas. Entre las recomendaciones que realizaba había una especialmente colorista: usar el rancho Skinwalker en Utah —un lugar donde se dice que se producen fenómenos paranormales desde hace décadas— como «un posible laboratorio para estudiar otras inteligencias y posibles fenómenos interdimensionales». Este rancho fue comprado en 1996 por la organización National Institute for Discovery Science, fundada y sostenida económicamente por Robert Bigelow. BAASS también entregó 38 proyectos relacionados con el programa, que había encargado a diferentes autores. En 2018 el Pentágono hizo públicos los títulos de estos informes: la gran mayoría rozaban la ciencia ficción, como la antigravedad, el análisis de métodos de propulsión de plasma para naves espaciales, estudios sobre invisibilidad o el uso de agujeros de gusano para viajar por el espacio.

Para echar más leña al fuego, la empresa To the Stars Academy of Arts and Science fundada por Tom DeLonge —exguitarrista del grupo Blink-182 y apasionado de los ovnis— y Harold Puthoff, declaró en julio de 2019 que tenía en su poder ciertos materiales exóticos (*metamateriales* los llamaban), cuya «estructura y composición no se parece a ninguno conocido», provenientes de «vehículos aeroespaciales avanzados de origen desconocido». Gracias a eso, en octubre de 2019, la empresa firmaba un contrato de cinco años con el U.S. Army Combat Capabilities Development Command con el encargo de probar tecnologías que incluyen «reducción de masa inercial, metamateriales mecánicos/estructurales, guías de ondas electromagnéticas de metamateriales, física cuántica, comunicaciones cuánticas y propulsión por energía de pulso».

El tiempo dirá adónde lleva todo esto, pero lo más probable es que se quede en un bluf como ha sucedido anteriormente con otros proyectos pseudocientíficos del Gobierno de Estados Unidos: baste recordar el proyecto *Stargate* de visión remota que el Ejército financió durante tres décadas (y en el que también estuvo involucrado Harold Puthoff) y que fue desclasificado en 1995 después de que la CIA dijera que nunca había sido útil. Y lo más seguro es que estas empresas-ovni sigan el mismo camino que aquellas empresas creadas en los años 80 y 90 dedicadas a ofrecer asesoría psíquica al mundo de los negocios o a buscar aplicaciones prácticas de ideas coloristas llegadas de lo paranormal.

Los platillos volantes surcan los cielos

El llamado «fenómeno ovni» es, cuando menos, peculiar, pues comprende desde testimonios de personas que han visto extrañas luces en el cielo a otras que afirman haber sido raptadas

El avistamiento de objetos volantes no identificados preocupó al Ejército de Estados Unidos hasta tal punto que el Pentágono decidió desarrollar en secreto el Programa Avanzado de Identificación de Amenazas Aeroespaciales o AATIP (por sus siglas en inglés).

213

por unos enanos humanoides grises. ¿Qué tienen en común? Ciertamente, nada. Para cualquier observador objetivo es un dislate unir dos fenómenos que, ni siquiera en apariencia, tienen nada que ver. Son nuestras propias preconcepciones sobre extraterrestres que nos visitan las que nos hacen ver una relación que no existe. Y si la hay, debe demostrarse. El problema es que para ello hay que invocar la mayor: que tras las siglas ovni se esconde lo que en ufología se llama la hipótesis extraterrestre.

La construcción del mito ovni se forjó en Estados Unidos poco después de que Kenneth Arnold viera el 24 de junio de 1947 nueve objetos con forma de luna creciente que se movían a gran velocidad, «como si fueran platos lanzados contra el agua». Esto fue literalmente lo que dijo, pero alguien en la redacción de un periódico confundió la descripción del vuelo con la forma del objeto: así nacieron los platillos volantes.

En los meses siguientes multitud de testigos empezaron a ver verdaderos platillos volantes surcar el cielo: en la segunda mitad del año, entre Canadá y Estados Unidos se dieron más de ochocientos casos. Como se pregunta con ironía el ufólogo Martin Kottmeyer, ¿cuál es la razón por la que los extraterrestres rediseñaron sus naves para adaptarse al error de un periodista? No puede existir un nacimiento más mitológico.

También podríamos preguntarnos por qué se identificaron esos objetos con naves extraterrestres. La respuesta la tenemos en las *pulp* de los años 30, unas revistas impresas en papel barato (de ahí su nombre) pobladas de marcianos y naves espaciales. Una de ellas era *Amazing Stories*, dirigida por Raymond A. Palmer, a quien el historiador Curtis Peebles denomina «el hombre que inventó los platillos volantes». Palmer fue un hombre que siempre se ocultó bajo un manto de misterio hasta el punto de que su autobiografía *The Secret World*, que se publicó dos años antes de su muerte, es más un compendio de experiencias místicas y esotéricas que la historia de su vida.

Viendo el potencial de la historia de Arnold, el 26 de junio, Palmer le mandó una carta pidiéndole que escribiera un artículo sobre lo que vio. Y añadía: «Esto es bastante importante para mí porque tengo en mi poder diversas confirmaciones independientes de lo que vio, aunque ninguna con el nivel de detalle de la suya». Algo que, evidentemente, era falso. Arnold aceptó y el artículo se publicó, muy retocado por Palmer.

Al año siguiente fundaba la primera revista dedicada a lo paranormal y lo misterioso, *Fate*, y allí volvió a aparecer la historia de Arnold convenientemente adornada. La labor propagandística de Palmer dio sus frutos y, en los años siguientes, cualquier cosa que se observara en el cielo rápidamente se identificaba con una nave extraterrestre, aunque realmente nadie las había visto con claridad.

DE ENCUENTROS Y CONSPIRACIONES

El mito fue evolucionando y cinco años después estas «naves» empezaron a aterrizar y sus ocupantes se pusieron a charlar amigablemente con los seres humanos: así nacieron los «contactados». De entre todos ellos destaca el primero, George Adamski, que en 1952 mantuvo una charla telepática con un humanoide de larga melena rubia y piel clara procedente de Venus. Adamski abrió la puerta a que aparecieran nuevos contactados que relataban la historia de su encuentro con seres de otros planetas, en su mayoría pertenecientes a nuestro sistema solar.

Al mismo tiempo se fue forjando la otra gran historia asociada a los platillos volantes: la conspiración gubernamental. En este caso, el gran promotor fue un piloto de la Marina retirado y mánager de pioneros de la aviación como Charles Lindbergh llamado Donald Keyhoe. Por esa época era un reconocido autor de historias de ciencia ficción y hombres con superpoderes que publicaba en diferentes revistas *pulp*, incluyendo la más prestigiosa *Weird Tales*.

Keyhoc dio su salto a la fama con la publicación del artículo «The Flying Saucers Are Real» en el número de enero de la revista *True* (una revista masculina). Fue tal su impacto mediático que rápidamente lo convirtió en un libro homónimo. En él defendía que las fuerzas aéreas sabían que los platillos volantes eran naves extraterrestres, pero que lo negaban sistemáticamente para que la gente no entrara en pánico. Así nació otra de las grandes ideas con las que los ufólogos pretenden explicar la causa de tan tremenda conspiración: el temor a que provoquemos verdaderas revueltas al enterarnos de la verdad.

Con la llegada de la década de 1970 asistimos a una nueva vuelta de tuerca: los extraterrestres dejaron de ser aquellos seres bondadosos y preocupados por que destruyéramos el mundo con nuestras armas atómicas para convertirse en despiadados secuestradores capaces de emular las barbaridades del médico nazi Mengele. Y no solo eso, sino que empezaron a buscar la forma de hibridarse con nosotros a través de infames experimentos médicos (o no tanto, pues también existen testimonios de relaciones sexuales consentidas —o medio consentidas— entre humanos y alienígenas).

También cambiaron de aspecto: de altos y rubios de carita aniñada se convirtieron en enanos grises de ojos como platos. Y es que resulta más creíble tener un aspecto repulsivo si vas a cometer barbaridades médicas. Por supuesto, la conspiración siguió subiendo de tono y, a finales de 1970, los ufólogos revelaron que no solo el Gobierno ocultaba la verdad, sino que además tenía en su poder una nave extraterrestre, con los cadáveres de sus tripulantes, que se había estrellado en el desierto. Hubo incluso muchos ufólogos que unieron esos dos relatos para construir otro aún más demencial: que el Gobierno estadounidense había firmado un acuerdo con los extraterrestres para permitirles secuestrar a algunos de sus compatriotas a cambio de tecnología.

UNA CUESTIÓN DE FE

Como podemos ver, el mito ovni es un relato exclusivamente humano que se ha ido engrandeciendo con el paso del tiempo e incorporando todos los terrores que acechan a la humanidad. Relacionar luces en el cielo con aberrantes experimentos alienígenas tiene su origen en nuestro cerebro, no en que se haya podido demostrar una correlación entre ambas historias. De hecho, hoy, igual que hace más de setenta años, se siguen observando luces en el cielo y todavía no se ha podido demostrar que esas luces sean inteligentes: somos nosotros los que las

Los pilotos E. J. Smith, Kenneth Arnold y Ralph E. Stevens observan la fotografía de un objeto volador no identificado que avistaron mientras se dirigían a Seattle, Washington (EE UU).

vemos y les atribuimos un comportamiento inteligente porque culturalmente hemos asimilado que son naves extraterrestres. Y, al serlo, deben comportarse como tales.

Eso sucedió el 5 de noviembre de 1990. Dos pilotos de la British Airways vieron «dos luces muy brillantes» mientras sobrevolaban el mar del Norte. Más tarde, un piloto de la RAF dijo que, mientras volaba en formación con otro caza *Tornado*, se había encontrado con «luces brillantes» que «formaron» hacia ellos. El otro piloto estaba tan convencido de viajar en rumbo de colisión contra las luces que rompió la formación e inició «violentas acciones evasivas». Puede que al lector le sorprenda, pero realmente lo que vieron fue la reentrada del cohete *Gori zont/Protón* sobre el norte de Francia y Alemania.

Como no estamos ante un fenómeno coherente, sin un patrón subyacente, todo apunta a que nos enfrentamos a una mezcla de fenómenos de origen muy diferente, y la mayoría de ellos perfectamente explicables por causas naturales. Únicamente queda un pequeño residuo de casos inexplicados, que no inexplicables, lo que nos lleva otro de los errores de la ufología: creer que, como no se ha encontrado una explicación natural, entonces se trata una nave espacial. ¿Por qué debemos aceptar que es una nave extraterrestre y no cualquier ser mitológico, como las hadas? Es más, ¿por qué nos parece más creíble que nos digan que es una nave a que sea un hada? La respuesta es sencilla: porque vivimos inmersos en el mito, que es la medida de todas las cosas. De hecho, todo se interpreta en clave extraterrestre: la construcción de las pirámides, las presencias extrañas en los dormitorios, las luces en el cielo…

Desde finales de la década de 1980, el interés por el tema ovni ha recaído en las ciencias sociales, pues resulta innegable que posee todas las características de una religión. Escuchar a los contactados y a quienes dicen haber tenido un encuentro con un ovni revela esa profunda religiosidad que produce la visión que nos es extraña. El fenómeno ovni es similar al de los «avistamientos» de santos medievales y las apariciones religiosas de todo signo. Los supuestos mensajes de los extraterrestres son los mismos mensajes de paz y amor de las diferentes religiones, incluso

Izquierda: número de abril de 1926 de *Amazing Stories,* revista *pulp* norteamericana con un papel clave en la difusión del fenómeno ovni. Derecha: George Adamski junto al retrato de Orthon, el venusiano de cabello rubio y lacio con el que mantuvo una conversación telepática.

con la promesa del cambio y, en algunos casos, de la ascensión a un nivel superior de existencia (¿no es eso la promesa de una vida mejor en el más allá de las religiones monoteístas?). No es lo que uno esperaría de una civilización tecnológica que viaja por el espacio al encuentro de otros signos de vida inteligente.

Un detalle que resulta revelador, y que apunta claramente a que estamos ante un movimiento religioso, es que los extraterrestres no llegan: se manifiestan, aparecen; su existencia no es material, no se comportan como lo hace la materia; son de naturaleza etérea, evanescente, surgen de la nada. A veces dejan señales, signos, como prueba de lo que son, del mismo modo que los Evangelios narran los milagros de Jesús: no son demostraciones del poder de Jesús para convencer a los incrédulos sino signos destinados a reafirmar la fe de los creyentes. Los supuestos rastros de aterrizajes, las borrosas filmaciones y fotografías… desempeñan el mismo papel. No existe ni una prueba física directa e irrebatible, pero es que los creyentes no la necesitan.

Ahora bien, al ser una religión nacida en el seno de una civilización tecnológica, sus fieles buscan la reafirmación «científica» de su fe; necesitan demostrarla. De ahí la legión de ufólogos que han destinado gran parte de su tiempo y dinero a investigar cada uno de los casos, a entrevistar a testigos, a buscar rastros de su existencia. Y así llevan más de setenta años y las pruebas siguen evitándoles.

Como tal, el fenómeno ovni no existe, pues es imposible definir un patrón: unas veces se ven en los radares, otras no; unas veces son luces en el cielo, otras, objetos sólidos; unas veces son de una tecnología que les permite violar todas las leyes de la física, en otras ocasiones, un simple rayo los derriba; unas veces se comportan como seres bondadosos, en otras, como criaturas malignas. No existe una definición del fenómeno ovni como tal, sino que en ese saco se meten todas aquellas experiencias que, a nuestro juicio (y esto es importante remarcarlo), tienen toda la pinta de ser naves extraterrestres. Una pinta que fue dibujada por la ciencia ficción y luego pulida, modificada y ampliada por quienes viven en el mito. Ya lo dijo Nietzsche: «Hay quienes desean saber y hay quienes quieren creer».

GLOSARIO

Abiogénesis: teoría que propone el origen de la vida a partir de materia inorgánica, mediante procesos químicos y físicos. Es clave en la astrobiología para entender cómo pudo surgir la vida en la Tierra y potencialmente en otros lugares del universo.

Análogo planetario: lugar en la Tierra con condiciones ambientales similares a las de otros planetas o lunas. Se utilizan para probar instrumentos y realizar experimentos que simulan la exploración espacial y la búsqueda de vida extraterrestre.

Astrobiología: disciplina científica que estudia el origen, evolución, distribución y futuro de la vida en el universo. Combina conocimientos de astronomía, biología, química, geología y física para investigar la posibilidad de vida más allá de la Tierra.

Atmósfera: capa gaseosa que rodea un planeta o luna. Su composición y densidad son cruciales para determinar la habitabilidad de un cuerpo celeste, ya que puede proteger de la radiación, regular la temperatura y contener elementos esenciales para la vida.

Biofirma: cualquier sustancia o fenómeno que proporciona evidencia científica de la existencia de vida, pasada o presente. Pueden ser moléculas orgánicas, gases atmosféricos, patrones morfológicos o señales electromagnéticas.

Biomarcador: tipo específico de biofirma que indica la presencia de un organismo vivo o de sus restos. Los biomarcadores más comunes son moléculas orgánicas, como aminoácidos, lípidos y ácidos nucleicos.

Campo magnético: región alrededor de un planeta o luna donde actúan fuerzas magnéticas. Protege la atmósfera y la superficie de la radiación cósmica y el viento solar, factores que pueden ser perjudiciales para la vida.

Civilización extraterrestre: hipotética sociedad avanzada desarrollada en otro planeta o sistema estelar. La búsqueda de civilizaciones extraterrestres se basa en la detección de señales electromagnéticas o tecnofirmas.

Clasificación estelar: sistema que organiza las estrellas según sus características espectrales, temperatura, luminosidad y tamaño. La clasificación estelar es útil para identificar estrellas similares al Sol, pues podrían albergar planetas habitables.

Contaminación interplanetaria: transferencia no intencional de microorganismos terrestres a otros cuerpos celestes durante misiones espaciales. Es un riesgo importante para la búsqueda de vida extraterrestre, ya que podría comprometer la detección de formas de vida autóctonas.

Cráter de impacto: depresión circular en la superficie de un planeta o luna causada por el impacto de un meteorito u otro objeto espacial. Los cráteres pueden proporcionar información sobre la historia geológica de un cuerpo celeste y su potencial para albergar vida.

Cuerpo menor del sistema solar: objeto astronómico que orbita alrededor del Sol y no es un planeta ni un planeta enano. Su definición incluye asteroides, cometas, objetos transneptunianos y meteoroides. Algunos cuerpos menores podrían contener agua y moléculas orgánicas, elementos esenciales para la vida.

Efecto invernadero: se trata de un fenómeno natural en el que ciertos gases atmosféricos atrapan el calor del Sol, lo que provoca que se mantenga la temperatura de un planeta lo suficientemente cálida para la vida. Un efecto invernadero descontrolado puede provocar un aumento excesivo de la temperatura, como ocurrió en Venus.

Encélado: luna de Saturno con géiseres que expulsan agua y material orgánico desde su océano subterráneo. Es uno de los lugares más prometedores para la búsqueda de vida extraterrestre en nuestro sistema solar.

Espectroscopia: técnica que analiza la luz emitida o absorbida por un objeto para determinar su composición química. La espectroscopia es fundamental en la astrobiología para estudiar la composición de atmósferas planetarias y buscar biofirmas.

Europa: es la Luna de Júpiter con un océano subterráneo de agua líquida bajo una capa de hielo. Es considerada uno de los lugares más prometedores para la búsqueda de vida extraterrestre en nuestro sistema solar.

Exobiología: término antiguo para la astrobiología, utilizado antes de que esta disciplina se estableciera formalmente. Ambos términos se refieren al estudio de la vida en el universo.

Exoplaneta: planeta que orbita una estrella diferente al Sol. El descubrimiento de miles de exoplanetas ha revolucionado nuestra comprensión del universo y ha aumentado las posibilidades de encontrar vida más allá de nuestro sistema solar.

Extremófilo: organismo que vive en condiciones ambientales extremas, como altas o bajas temperaturas, acidez, salinidad o radiación. Los extremófilos demuestran la capacidad de la vida para adaptarse a entornos hostiles, lo que amplía las posibilidades de encontrar vida en otros planetas.

Fotosíntesis: proceso mediante el cual las plantas y algunos microorganismos convierten la luz solar en energía química, utilizando dióxido de carbono y agua para producir azúcares y oxígeno. La fotosíntesis es la base de la mayoría de las cadenas alimentarias en la Tierra y podría ser un indicador de vida en otros planetas.

Geomicrobiología: estudio de la interacción entre microorganismos y minerales. Es importante en astrobiología para entender cómo la vida puede influir en la geología de un planeta y cómo los minerales pueden proporcionar hábitats para microorganismos.

Habitabilidad planetaria: capacidad de un planeta o luna para albergar vida tal como la conocemos. Depende de factores como la presencia de agua líquida, una fuente de energía, elementos químicos esenciales y condiciones ambientales estables.

HELIO (Heliospheric Observatory): observatorio espacial que estudia el Sol y el medio interplanetario. Proporciona datos sobre el viento solar y las erupciones solares, que pueden afectar a la habitabilidad de los planetas.

Hielo de agua: forma sólida de agua presente en cometas, asteroides, lunas y planetas. El hielo de agua es un recurso crucial para la vida, ya que puede proporcionar agua líquida y moléculas orgánicas.

Kepler: telescopio espacial que descubrió miles de exoplanetas mediante el método de tránsito. Sus datos revolucionaron nuestra comprensión de la diversidad de planetas en el universo y aumentaron las posibilidades de encontrar vida extraterrestre.

Litosfera: capa externa rígida de un planeta o luna, compuesta por la corteza y el manto superior. La litosfera desempeña un papel importante en la tectónica de placas, el vulcanismo y la formación de montañas, procesos que pueden influir en la habitabilidad de un planeta.

Magnetosfera: región alrededor de un planeta o luna donde su campo magnético domina sobre el viento solar. La magnetosfera protege la atmósfera y la superficie de la radiación cósmica y el viento solar, factores que pueden ser perjudiciales para la vida.

Marte: cuarto planeta del sistema solar, objeto de numerosas misiones espaciales en busca de evidencia de vida pasada o presente. Marte tiene características geológicas similares a la Tierra, como valles, volcanes y casquetes polares de hielo.

Materia orgánica: compuestos químicos que contienen carbono y son fundamentales para la vida. La detección de materia orgánica en otros planetas o lunas sería un indicio prometedor de la posibilidad de vida extraterrestre.

Meteorito: fragmento de un asteroide o cometa que sobrevive a su paso por la atmósfera y llega a la superficie de un planeta o luna. Los meteoritos pueden contener agua, moléculas orgánicas y minerales, proporcionando pistas sobre la formación del sistema solar y la posibilidad de vida en otros lugares.

Microbios: organismos microscópicos, como bacterias, arqueas y algunos eucariotas. Son las formas de vida más abundantes y diversas en la Tierra y podrían ser los primeros organismos en colonizar otros planetas.

Misión espacial: viaje exploratorio al espacio exterior con fines científicos o tecnológicos. Las misiones espaciales han sido fundamentales para el estudio de otros planetas, lunas y asteroides, y para la búsqueda de vida extraterrestre.

Modelo climático: representación matemática del sistema climático de un planeta, utilizada para simular y predecir cambios en la temperatura, precipitación, vientos y otros factores. Los modelos climáticos son esenciales para evaluar la habitabilidad de los exoplanetas.

NASA (National Aeronautics and Space Administration): agencia espacial estadounidense responsable de la investigación y exploración espacial. La NASA ha liderado numerosas misiones en busca de vida extraterrestre, como las sondas *Viking*, *Curiosity* y *Perseverance* en Marte.

Objeto Volador No Identificado (OVNI): fenómeno aéreo que no puede ser identificado inmediatamente como un objeto o fenómeno conocido. Aunque la mayoría de los ovnis tienen explicaciones convencionales, algunos casos siguen sin resolverse y alimentan la especulación sobre posibles visitas extraterrestres.

Océano subterráneo: cuerpo de agua líquida ubicado bajo la superficie de un planeta o luna. Los océanos subterráneos son considerados entornos potencialmente habitables, ya que pueden proporcionar agua líquida, nutrientes y protección contra la radiación.

Origen de la vida: proceso mediante el cual surgió la vida en la Tierra a partir de materia inerte. Comprender el origen de la vida es crucial para determinar si la vida podría darse en otros lugares del universo.

Panspermia: hipótesis que propone que la vida puede propagarse por el universo a través de meteoritos, cometas o incluso naves espaciales. Aunque controvertida, la panspermia plantea la posibilidad de que la vida en la Tierra tenga un origen extraterrestre.

Paradoja de Fermi: contradicción entre la alta probabilidad de que existan civilizaciones extraterrestres y la falta de evidencia de su existencia. La paradoja de Fermi plantea preguntas sobre la rareza de la vida inteligente, la dificultad de la comunicación interestelar o la posibilidad de que las civilizaciones avanzadas se autodestruyan.

Planeta enano: cuerpo celeste que orbita el Sol, tiene suficiente masa para ser esférico pero no ha limpiado su órbita de otros objetos. Plutón, Eris, Haumea y Makemake son ejemplos de planetas enanos.

Planeta Ricitos de Oro: exoplaneta ubicado en la zona habitable de su estrella, donde las condiciones de temperatura permiten la existencia de agua líquida en la superficie. Los planetas Ricitos de Oro son considerados los principales candidatos para albergar vida extraterrestre

Protoestrella: etapa temprana en la formación de una estrella, cuando una nube de gas y polvo colapsa bajo su propia gravedad. El estudio de protoestrellas proporciona información sobre la formación de sistemas planetarios y la posibilidad de vida en ellos.

SETI (Search for Extraterrestrial Intelligence): proyecto científico que busca señales de radio o luz emitidas por civilizaciones extraterrestres. SETI utiliza radiotelescopios y técnicas de procesamiento de señales para analizar el cielo en busca de patrones que indiquen inteligencia extraterrestre.

Sistema estelar: conjunto de estrellas que orbitan entre sí debido a su atracción gravitatoria. Los sistemas estelares pueden ser binarios, triples o múltiples, y pueden albergar planetas en órbitas estables.

Sonda espacial: nave espacial no tripulada enviada para explorar planetas, lunas, asteroides y otros cuerpos celestes. Las sondas espaciales recopilan datos sobre la composición, geología, atmósfera y campo magnético de estos objetos, proporcionando información valiosa para la búsqueda de vida extraterrestre.

Supertierra: exoplaneta rocoso con una masa mayor que la Tierra pero menor que la de los gigantes de hielo como Urano y Neptuno. Las supertierras son un tipo común de exoplaneta y podrían tener condiciones adecuadas para la vida

Telescopio Espacial James Webb: telescopio espacial de próxima generación que observa el universo en longitudes de onda infrarrojas, lo que le permite estudiar la formación de estrellas y galaxias, así como la atmósfera de exoplanetas en busca de biofirmas.

TESS (Transiting Exoplanet Survey Satellite): telescopio espacial diseñado para descubrir exoplanetas mediante el método de tránsito. TESS observa estrellas brillantes cercanas en busca de planetas que podrían ser habitables.

Vida inteligente: forma de vida con capacidad para razonar, aprender, resolver problemas y comunicarse. La búsqueda de vida inteligente extraterrestre es uno de los mayores desafíos de la ciencia y plantea preguntas fundamentales sobre nuestro lugar en el universo.

Zona habitable: región alrededor de una estrella donde las condiciones de temperatura permiten la existencia de agua líquida en la superficie de un planeta. La zona habitable es considerada la región más probable para encontrar vida extraterrestre, ya que el agua líquida es esencial para la vida tal como la conocemos.

Bibliografía

Aczel, A. D. (2014). *Probability 1*. Mariner Books.

Al-Khalili, J. coord. (2017). *Aliens: The world's leading scientists on the search for extraterrestrial life*. Picador.

Andresen, J., Chon Torres, O. A. (2022). *Extraterrestrial intelligence: academic and societal implications*. Cambridge Scholars Publishing.

Ballesteros, F. J. (2008). *Gramáticas extraterrestres*. Universidad de Valencia.

Basalla, G. (2006). *Civilized life in the universe: scientists on intelligent extraterrestrials*. Oxford University Press.

Boss, A. (2010). *The crowded Universe: the race to find life beyond Earth*. Basic Books.

Campo, R. (2006b). *Los ovnis ¡vaya timo!* Laetoli.

Carroll, M. (2020). *Envisioning exoplanets: searching for life in the galaxy*. Smithsonian Books.

Cirkovic, M. M. (2018). *The Great Silence*. Oxford University Press.

Crowe, M. J. (1999). *The extraterrestrial life debate, 1750-1900*. Dover.

Dick, S. J. (s.f.). *Astrobiology, discovery and societal impact*. Cambridge University Press.

Dick, S. J. (1996). *The biological universe*. Cambridge University Press.

Dick, S. J., Strick, J. E. (2005). *The living Universe: NASA and the development of astrobiology*. Rutgers University Press.

Dick, S. J. (2018). *Astrobiology, discovery and societal impact*. Cambridge University Press.

Fry, I. (2000). *The emergence of life on Earth: a historical and scientific overview*. Rutgers University Press.

Forgan, D. (2019). *Solving Fermi's Paradox*. Cambridge University Press.

Genta, G. (2007) *Lonely minds in the universe*. Copernicus.

Glodsmith, D., Owen, T. (2001). *The search for life in the universe*. University Science Books.

Guthke, K. S. (1990). *The last frontier*. Cornell University Press.

Harrison, A. A. (1997). *After contact*. Basic Books.

Hazen, R. (2005). *Genesis: the scientific quest for life's origins*. Mass Market Paperback.

Hoyle, F., Wickramasinghe, N. C. (1992b). *Fuerza vital cósmica: la energía de la vida por el universo*. Fondo de Cultura Económica.

Impey, C. (ed.). (2012). *Frontiers of Astrobiology*. Cambridge University Press.

Jakosky, B. M. (2022). *Science, society, and the search for life in the universe*. University of Arizona Press.

Kershenbaum, A. (2021). *La guía del zoólogo galáctico: Lo que la fauna terrestre revela sobre la vida extraterrestre*. Editorial Debate.

Klass, P. J. (1983). *UFOs: the public deceived*. Prometheus.

Lázaro, E. (2023). *La vida y su búsqueda más allá de la Tierra*. CSIC.

Lingam, M., & Loeb, A. (2021). *Life in the Cosmos: from biosignatures to technosignatures*. Harvard University Press.

Loeb, A. (2023). *Interstellar: The search for extraterrestrial life and our future in the stars*. Mariner.

Longstaff, A. (2014). *Astrobiology: an introduction*. CRC Press.

May, A. (2023). *Astrobiología: en busca de la vida extraterrestre*. Blume.

McConnell, B. S. (2001). *Beyond Contact: a guide to SETI and communicating with alien civilizations*. O'Reilly Pub.

Oberhus, D. (2019). *Extraterrestrial languages*. MIT Press.

Peebles, C. (1994). *Watch the Skies!: a chronicle of the flying saucer myth*. Smithsonian.

Plaxco, K. W. & Gross, M. (2021). *Astrobiology*. Johns Hopkins Press.

Rothery, D. A.; Gilmour, I.; Sephton, M. A. (2018). *An introduction to astrobiology*. Cambridge University Press.

Shapiro, R. (2008). *Planetary dreams. The quest to discover life beyond Earth*. Trade Paper Press.

Schulze-Makuch, D., Darling, D. (2011). *We are not alone: Why we have already found extraterrestrial life*. Oneworld Publications.

Swift, D. W. (1990). *SETI Pioneers: scientists talk about their Search for Extraterrestrial Intelligence*. University of Arizona Press.

Trefily, J., & Summers, M. (2019). *Imagined life: a speculative scientific journey among the exoplanets in search of intelligent aliens, ice and supergravity animals*. Smithsonian Books.

Vakoch, D. A. (2013). *Archeology, anthropology and interstellar communication*. NASA History Series.

Vaquerizo, J. Á. (2020). *Marte y el enigma de la vida*. Los Libros de La Catarata.

VV. AA. (2003). *Encyclopedia of Astrobiology*. Springer.

Ward, P. D., Brownlee, D. (2003). *Rare Earth: why complex life is uncommon in the Universe*. Copernicus.

Webb, S. (2018). *Si el universo está lleno de extraterrestres ¿dónde está todo el mundo?* Ediciones Akal.

Este libro se terminó de imprimir
en Madrid en el mes de julio de 2025
en Industria Gráfica Anzos (Madrid)